智能变电站
综合自动化及其维护

ZHINENG BIANDIANZHAN
ZONGHE ZIDONGHUA JIQI WEIHU

邹 晖　计荣荣　张淦锋　著

化学工业出版社
·北京·

内 容 简 介

本书讲解了智能变电站的自动化设计和维护，具体包括6章内容，分别是智能变电站综合自动化概述、二次系统配置与技术、综合自动化的智能采样、综合自动化的智能控制、设备的典型异常及维护和日常运行操作及维护。

本书理论与实践相结合，适合智能变电站的设计、生产、建设、调试、运行、维护人员阅读，也适合高校电气专业的师生使用。

图书在版编目（CIP）数据

智能变电站综合自动化及其维护/邹晖，计荣荣，张淦锋著. —北京：化学工业出版社，2023.11

ISBN 978-7-122-44028-0

Ⅰ. ①智… Ⅱ. ①邹…②计…③张… Ⅲ. ①智能系统-变电所-自动化技术②智能系统-变电所-维护 Ⅳ. ①TM63

中国国家版本馆 CIP 数据核字（2023）第 154005 号

责任编辑：周　红

责任校对：王鹏飞

装帧设计：王晓宇

出版发行：化学工业出版社

（北京市东城区青年湖南街 13 号　邮政编码 100011）

印　　装：北京科印技术咨询服务有限公司数码印刷分部

710mm×1000mm　1/16　印张 11　字数 196 千字

2023 年 11 月北京第 1 版第 1 次印刷

购书咨询：010-64518888

售后服务：010-64518899

网　　址：http://www.cip.com.cn

凡购买本书，如有缺损质量问题，本社销售中心负责调换。

定　　价：98.00 元

前言
PREFACE

在国民经济发展过程中，电力可以说是支撑国民经济发展的重要保障，而在电力发展过程中，变电站发挥着至关重要的作用，是整个电网得以顺利进行的基础。智能变电站的出现，更是在很大程度上促进了电力企业的健康发展，而智能变电站的网络结构作为变电站的核心内容对变电站的健康发展有着至关重要的作用。

随着国内先进科学技术水平的不断提升与发展，变电站逐渐表现出全面智能化的特点，其中较为明显的一个表现是，在智能变电站日常工作开展过程中，自动化运行技术应用的频率越来越高。自动化运行技术在智能变电站中的应用，大大提升了智能变电站的工作效率，同时也直接实现了变电站的经济效益，所以对于未来智能变电站的持续发展，始终都具有不可替代的作用。

基于此，本书以智能变电站综合自动化及其维护探索为题：首先，围绕智能变电站综合自动化的基本内容展开，探讨了智能变电站的基本概念、系统构成与变电站综合自动化系统；其次，针对智能变电站的二次系统配置与技术、智能变电站综合自动化的智能采样、智能变电站综合自动化的智能控制三个方面进行了详细的探讨；随后，从智能变电站设备的典型异常及维护的角度，探索了智能变电站监控后台系统、远动数据网设备、特高压站、总控测控装置的异常维护；最后，探究了智能变电站的日常运行操作及维护。

全书内容通俗易懂，结构层次严谨，条理清晰分明，从智能变电站综合自动化相关的基础理论入手，拓展到智能变电站的典型异常与日常维护，兼具理论与实践价值，可供广大相关工作者参考借鉴。

笔者在撰写本书的过程中，得到了许多专家学者的帮助和指导，在此表示诚挚的谢意。由于笔者水平有限，加之时间仓促，书中内容难免有疏漏之处，希望各位读者多提宝贵意见，以便笔者进一步修改，使之更加完善。

著　者

目录
CONTENTS

第一章 智能变电站综合自动化概述

第一节 智能变电站的基本概念

伴随现代信息技术的发展，电力行业日益智能化和信息化，智能变电站成为电网建设的新趋势。与传统变电站不同，智能变电站在软件、硬件方面均有智能特点，表现在硬件设备模块化、接口规范化，软件灵活、友好。智能变电站的发展也让电气设备安装与调试进入新的发展阶段。[1]

智能化变电站的特征包括以下三个方面：

（1）一次设备的智能化。电子式互感器替代传统的电磁式互感器，实现了反映电网运行电气量的数字化输出，是智能变电站的标志性特征，也为变电站的网络化、信息化以及一次设备的智能化奠定了基础。

（2）二次设备的网络化。智能变电站的二次设备除了具有传统数字式设备的特点外，其二次信号变为基于网络传输的数字化信息，功能配置、信息交换通过网络实现，网络通信成为二次系统的核心，设备成为整个系统中的一个通信节点。

（3）变电站通信网络和系统实现标准统一化。智能变电站利用 IEC 61850 的完整性、系统性、开放性，保证了设备间具备互操作性的特征，解决了传统变电站因信息描述和通信协议差异而导致的信号识别困难、互操作性差等问题，实现了变电站信息建模标准化。

智能变电站与数字化变电站相比较，重点突出在“智能”，即在数字化变电站的基础之上，赋予了更多的“智能特征”，如监控管一体化系统，利用大量数字信息来完成一些分布功能、自动控制功能。智能变电站让数字化变电站更进一

[1] 林昌榕.智能变电站电气设备安装与调试技术要点［J］.光源与照明，2023（02）：151.

步推进，应该说数字化变电站实现了一、二次设备的数字化，而智能变电站则实现了一、二次设备的智能化，允许管理的自动化、操作监视的智能化。智能变电站作为智能电网的基础环节，在智能电网中所承担的作用和具有的主要功能是：统一和简化变电站的数据源，以统一标准方式实现变电站内外的信息交互和信息共享，形成纵向贯通、横向互通的电网信息支撑平台，并提供以此为基础的多种业务应用。

第二节　智能变电站的系统构成

一、智能变电站的主要结构形式

（一）智能变电站的架构

智能变电站的架构包括系统层和设备层。

系统层主要包括网络化的二次设备，是面向全站或一个以上的一次设备，通过智能组件获取并综合处理变电站中关联智能设备的相关信息，按照变电站和电网安全稳定运行的要求，控制各设备层协调完成多个应用功能。

智能变电站包括自动化站级监视控制系统、站域控制、通信系统和对时系统等，实现面向全站设备的监视、控制、告警及信息交互功能，完成数据采集和监视控制、操作闭锁以及同步相量采集、电能量采集、保护信息管理等相关功能。

设备层主要设备包括智能一次设备（含电子式互感器）、合并单元、智能终端等智能组件，其主要功能是完成实时运行电气量的采集、设备运行状态的监测、控制命令的执行等。

合并单元又称为合并器，主要完成智能变电站电流与电压互感器的电压、电流等的合并转换为数字信号上传至测控、保护与计量表等。合并单元是过程层的关键设备，是对来自二次转换器的电流/电压数据进行时间相关组合的物理单元。

智能终端由若干智能电子装置集合而成，用来完成该间隔层内断路器以及与其相关隔离开关、接地开关和快速接地开关的操作控制和状态监视，直接或通过过程层网络基于 GOOSE 服务发布采集信息；直接或通过过程层网络基于 GOOSE 服务接收指令，驱动执行器完成控制功能，具备防误操作功能。

（二）智能变电站的设计

1. 智能变电站的设计要求

智能变电站不仅是智能电网建设过程中的重要环节，也是电网运行控制的坚实基础。变电站的智能化改造和建设必须按照相关规定和要求进行，如以实现信息共享标准化、全站信息数字化、通信平台网络化为目标，满足集中监控技术的要求，从而有效提高变电站的智能化水平。继电保护需要满足点对点直跳和直采两个双重化配置过程，使网络达到完全独立的状态。

（1）一次设备状态监视和智能化。把传感器和状态监视智能部件与一次设备相结合，就能使一次设备获得状态监测功能；把智能部件（如状态监测、测量、控制等）与主设备相结合，就能使一次设备智能化。

（2）建模信息和标准化通信。过程层和间隔层设备直接使用电缆连接；间隔层和站控层设备取消协议互换设备，实现通信协议标准化。通过智能接口机将辅助系统相关信息按标准建立数据模型，再接入统一信息平台中。

（3）一体化信息平台和智能高级应用功能。为实现设备状态可视化、远端维护、智能报警、智能报警分析、顺序控制功能，帮助变电站建立全景数据统一信息平台，设置选站域控制、故障信息综合分析决策及与诸如大用户之类的外部系统交互功能。

（4）智能化辅助系统。全站电源一体化设计，实现安防系统、视频监视、环境监视系统智能化，把测量数据和辅助系统告警信号通过站内智能接口转换为标准模型数据，再接入一体化信息平台。如此，就使得视频监控能够和监控系统在事故处理和设备操作中与 GOOSE 信息进行协同的联动。

2. 智能变电站的设计模式

（1）基于站控层 IEC 61850 模式。与传统变电站自动化系统类似，站控层 IEC 61850 模式也采用了 IEC 61850 协议过渡数字变电站。IED 间隔层智能电子设备依旧被安装在集中组屏或间隔层设备上。间隔层与过程单元依然保持着原有关系，实现间隔级单元与变电站级单元间的 IEC 61850 连接，并根据 IEC 61850 标准进行设备的建模和信息的交互活动。

传统变电站中的设备之间很少有信息互联或是相互操作的功能，基于站控层 IEC 61850 模式的出现解决了上述问题，可以在保持原有变电器一次设备结构的基础上，实现一次设备智能控制，比原有变电站数字化程度高，具有更高的可靠性和更强的时效性。由于 IEC 61850 标准约束了变电站智能设备的通信及功能，所以不论是通信还是信息，都更符合国际标准。不仅如此，由于系统中每个节点信息的传输都被约束，所以系统更具可操作性，为整个系统的扩充和维护提供了较好的条件。在现有成熟设备基础上，二次设备完成适用于现阶段变电站的老站改造和推广，具有较高实用性。但它也具有一定的缺点，如过程层还是模拟信号设备，致使数字化不完善。

（2）基于传统互感器及过程层信息交换模式。该模式将在线监控功能集成到主设备本体中，并添加了用于过程层信息交换的过程层网络。对每个间隔层都配置了智能操作箱和过程层设备合并单元，把传统一次设备的信息和操作升级为数字化。相关间隔层智能电子设备 IED，可以通过光纤以太网与相应间隔层的合并单元，和智能操作箱相连。

合并单元、智能操作箱、IED 三者之间可以通过网络总线或是点对点方式相连。其特点在于，铜芯光缆代替了 IED 与原来一次设备之间的传统大量铜芯电缆，并建立了过程层网络，过程层的设备可以共享高速采样数据，简化了布线。智能操作箱是新一代全面支持数字化变电站的智能终端。智能终端操作箱功能与常规变电站操作箱功能相同，都具有跳合闸及防跳功能。

（3）基于过程层和站控层的全信息交换模式。采用电子互感器代替传统互感器是基于过程层和站控层的全信息交换模式的最大特点，它是智能开关设备的理想模式。由于电子互感器的性能具有一定优势，所以基于过程层和站控层的全信息交换模式将成为高压及超高压、特高压变电站的未来发展趋势。

二、智能变电站的主要构成组件

（一）站控层

站控层的作用在于实现整个变电站设备的控制、监测、信息交互、报警等功能，并完成相关数据信息的监控和采集、电量信息的采集和保护管理、操作闭锁和相量信息的同步采集等功能，主要包括站域控制、对时系统、自动化站级监视控制系统和通信系统等。站控层功能既可以分布在多台嵌入式装置或计算机中，又可分布在一台嵌入式装置或计算机中。为了实现变电站网络共享，智能变电站应实施数据源统一化、标准化举措。

智能设备之间应实现进一步的互联互通，支持采用系统级的运行控制策略。智能变电站自动化系统采用的网络架构应合理，可采用以太网、环形网络，网络冗余方式应符合 IEC 61499 及 IEC 62439 的要求。

1. 站控层的主要组件

（1）监控主机。监控主机是变电站的核心控制系统，在原有变电站（即无法实现与调度智能互动的变电站、系统）中，可以配置高级智能应用功能，如电压和无功功率控制等。每个控制器和测量设备从现场的数据网络中提取数据，并通过双电缆完成现场控制网络的测量和控制。监控设备完成变电站控制、测量、信号等一系列相关功能任务。

（2）操作员站。后端实时监控系统对变电站进行监控和操作，为操作员提供所有输入功能，显示各种图像、报警信息、表格、信息管理，并提供远程控制、远程调动等操作/监控人机交互界面。负责管理和协调整个系统，在保证工程数据库备份完整的同时，组织历史数据并自动记录至历史数据库服务器。

（3）远动通信装置。监控系统的远动通信装置，需要用专用独立设备支持双路供电，可以集成保护信息子站。除基本的平台软件和必需的应用软件外，远动通信设备的软件还可以配置和扩展不同的协议和接口软件。不仅可以通过IEC 61850与IEC 61970模型的自动映射管理实现跨站或与其他应用系统的互动，还能作为透明代理服务器，把变电站内各装置映射到远方通信装置的IEC 61850服务器。

（4）继电保护信息管理系统。变电站继电保护信息管理系统的工作流程是将电站内每个元件中的继电保护装置信息传输到保护管理机中，然后保护管理机对它们整理和管理分类。同时，根据“地区电网调度决策支持系统”主站故障诊断和故障恢复所需数据源的要求，把继电保护信息反馈至主站统一数据平台。其中，变电站侧继电保护信息管理子系统和调度端的应用、分析主系统都是继电保护信息管理系统所包含的内容。将继电保护信息管理设备配置到变电站，利用光缆控制网采集保护信息，再通过数据网收集网络故障信息。

若通过变电站继电保护信息管理系统把相关信息发送至调度端，那么在变电站侧也可实现分析功能。由此可见，继电保护信息管理系统分别可在事故分析、事故预防和双端故障测距等方面发挥巨大作用，较传统继电保护相比，大大提高了维护和处理水平。

2. 站控层的智能应用

（1）采用拓扑技术完成多层次故障推理。因条件相对复杂，所以在进行多层次故障推理时，一定要选择拓扑技术。用该技术获得设备间带电状态和运行方式后，根据开关的变位信息和状态、保护动作信息和测量值等进行综合推理，若推断出符合报警条件，显示器上会弹出报警窗，并生成故障原因报告，提供给相关工作人员调阅。

（2）可视化控制。数据可视化是将抽象数据以可见的形式表现出来。程序控制执行每一步的实际结果都通过视频的联动直接反馈给调度端。被控开关的视频图像在执行开关遥控后会直接反馈给调度端。

（3）程序化控制。程序化控制通过标准化建模、交互方式和同化的方式建立一个大多数厂家都可使用的通用程控模型，规范厂家与调度之间的沟通，使调度可以无差异接收和处理程序化控制，提升工作精准度。

（4）组合程序化控制。程序化操作是十分复杂的序列执行操作，它可以由几个单独程控过程组成，具备合并多个典型程控和一次性执行多个程控的智能化功能。

（5）监控“五防”一体化。基于监控“五防”一体化模式下的监控后台、间隔层二次设备和运动具有统一的数据模型、统一的闭锁逻辑判断、统一的闭锁规则组态，突破了复杂化的传统变电站“五防”系统结构，更加简化和易于操作。

（6）电量系统。智能化变电站具备数据化、数据共享等功能，变电站自动化系统可以同时对电量进行采集和收集，而后将获取的信息反馈至调动和用电部门。

（7）动态数据监测系统。基于智能变电站的变电站动态数据监测功能一般由变电站自动化系统完成。系统及时向调度端反馈相关数据，实时监控全网动态数据信息，及时且详细地诊断和判断电网运行情况。

（8）在线监测系统。为了实现在线监测功能，变电站部分主要设备的生产部门设置了在线监测设备。智能变电站要求主设备实现智能化，即变压器、避雷针、断路器等，可以根据电网要求输出设备自身的状态信息，并通过变电站自动化系统将信息传送至变电站维护中心，以便于对主要设备的状态进行监测和分析。把主设备在线状态的分析和诊断系统设置在变电站的维护中心，这样就可以实时监控和分析电网主设备，并能及时发现问题给出相应的诊断报告，为电网稳定运行提供更多保障。

（9）变电站智能设备接口。变电站内的设备很多，有保护、直流、“五防”、稳定装置等，接入形式及规约烦琐复杂。应实现变电站内保护设备接入监控系统和变电站继电保护信息管理系统的方案；实现故障录波设备有效接入变电站保护与故障信息远传系统，使整个系统接入合理和方便；实现站内直流、“五防”等设备有效接入变电站自动化系统的方案，形成功能完善的完整的系统。

（二）间隔层

间隔层主要设备包括各种保护装置、系统测控装置、自动化装置、安全自动装置、监测功能等 IED 二次设备，其主要功能如下：

（1）汇总本间隔过程层实时数据信息。

（2）实施对一次设备保护控制功能。

（3）逻辑控制功能的运算、判别、发令。

（4）实施本间隔操作闭锁功能。

（5）实施操作同期及其他控制功能。

（6）对数据采集、统计运算及控制命令的发出具有优先级别的控制。

（7）承上启下的通信功能，即同时高速完成与过程层及站控层的网络通信功能，必要时，上下网络接口具备双口全双工方式，以提高信息通道的冗余度，保证网络通信的可靠性。

（三）过程层及 MU 配置方案

过程层包括变压器、断路器、隔离开关、电流/电压互感器等一次设备及其所属的智能组件以及独立的智能电子装置。过程层是一次设备与二次设备的结合面，或者说过程层是指智能化电气设备的智能化部分。过程层的主要功能分为三类：①电力运行实时的电气量检测；②运行设备的状态参数检测；③操作控制执行与驱动。

装置可以采用集中式布置，也可根据变电站具体结构采用分布式布置。分布式结构各分布式单元与主控单元之间通过光纤直接连接，也可在三态测控装置中实现 MU 功能。

过程层配置模式：电子式互感器输出的数字信号须经过一个合并单元（简称为 MU）接口，以应对标准化接口。合并单元一般按间隔配置，它可以将一个单元内的电流、电压数字量合并为一个单元组，并将输出的瞬时数字信号填入同一数据帧内。MU 不仅可以采集电子互感器的输出数据，也可以采集和数字化传统互感器的测量值。

MU 与二次设备之间的连接可以采用点对点连接或光纤以太网连接。采用光纤以太网连接，带宽需求较大（以 MU 按间隔设计，采集 12 路量，每周波采集 200 点考虑，1 个 MU 大约需要占用 10Mb/s 带宽），100Mb/s 以太网远远不能满足要求，需要组建 1000Mb/s 以太网。因此，现阶段采用点对点连接更为合适。

（四）状态监测及智能化一次设备的过程层

状态监测与传统功能相同的是，它们都监测相位、电压、谐波分量和电流的数据，并在此基础上，通过间隔层的设备计算其他电气量。状态监测与传统方式的不同之处在于，用光电电流互感器、光电电压互感器替代了传统电磁式电流互感器、电压互感器，并用直接采集数字量取代了传统采集模拟量，极大程度地提高了抗干扰能力，具有较好的绝缘、抗饱和等特性，而且在装置的外形方面也进一步实现了小型化、紧凑化。变电站内需要检测状态参数的设备比较多，包括电抗器、变压器、刀开关、断路器、电容器、母线等。

（五）站控层网络

站控层通信采用 IEC 61850-8-1 标准，采用星形网络结构。220kV 及以上电压等级按双网配置，110kV 及以下电压等级变电站按单网配置（也可按用户需求进行双网配置）。

过程层 SV 网络、过程层 GOOSE 网络、站控层 MMS 网络完全独立，继电保护装置接入不同网络时，采用相互独立的数据接口控制器。

过程层 SV 数据支持以点对点方式接入继电保护设备。

采样值报文采用点对点方式，通信协议采用 IEC 61850-9-2 标准；采样值报文采用网络方式，通信协议采用 IEC 61850-9-2 标准。

500kV、220kV 站控网络采用冗余网络，网络结构拓扑采用双星形或单环形；110kV 站控网络结构拓扑宜采用单星形。

第三节　变电站综合自动化系统分析

变电站是电网系统中的关键部件之一，综合变电站自动化技术在变电站控制中有广泛应用，不仅可以有效解决传统变电站存在的问题，而且将先进的电子通信技术、智能控制技术、信号处理等技术融合，实现对相关设备的合理、智能化控制，进一步提高了供电系统的可靠性。[1]

一、变电站自动化

变电站是电压和电流变换且接收电能及分配电能的特殊场所，在电力生产过程中起着重要的作用。通常情况下，变电站里的电气设备会被划分成两类，即一次设备和二次设备。变电站的一次设备是指具有不同电压等级的电力设备，包括避雷器、母线、电压互感器、断路器、电流互感器、电力变压器、隔离开关等。除上述设备外，一些变电站还配备了串联补偿装置、同步电容器、静止补偿装置、并联电抗器等。配备的目的是满足系统稳定性、无功平衡和限制过电压的要求。变电站的二次设备监测一次设备和总体系统运营，包括监控系统、直流系统、通信设备、微机保护装置、站用电低压系统、二次控制回路、测控装置和计量装置等。变电站中的二次设备之间按一定的功能要求连接在一起构成电气回路，称为二次接线或二次回路。

变电站自动化是一项新的技术改造，在原有通信技术、控制技术和信息处理技术基础上，融入了计算机软件和硬件系统，重组和优化了变电站二次设备的功能，使变电站具备自动测量、自动监测、自动控制、自动调配等自动化功能，性能上也大大优于以往的系统。变电站自动化范畴包括继电保护、综合自动化、远动等智能技术。

[1] 曹帅.变电站综合自动化系统现状及趋势分析［J］.机械管理开发，2020，35（10）：287.

（一）常规变电站的自动化系统

由于远动装置、继电保护、就地监控、录波装置等是构成常规变电站二次系统的主要构件，所以实际应用中会用到上述构件的功能，每个构件又都有属于自己的显示屏，每个一次设备，例如一组电容器、一台变压器等，都与二次系统中的显示屏有关，所以每个设备的电流互感器输出端都要连接到显示屏上；同理，断路器的跳闸和闭合操作回路也要连接到控制屏、保护屏、远动屏和其他自动装置屏上。但由于变电站里的一次设备较多，加之与各个相应的二次设备屏之间连接许多电线，而各个设备的安装地点又不同，所以变电站内的电缆错综复杂。

（二）变电站综合自动化

随着计算机技术的发展，变电站中的设备已经开始使用微机型设备来实现变电站的自动化，如微机型继电保护设备、微机监测设备、微机远程控制设备和微机记录设备等。

微机化后的设备不仅可靠性高，而且大大缩小了体积。虽然这些微机型装置的功能各不相同，但它们的硬件配置几乎一样。除了微机系统本身外，其他模拟量、开关量的数据采集以及输出、输入接口电路基本一致。此外，各个装置要控制的对象和采集的量也有很多相同之处。所以设备重复、通道不共用、数据不共享、电缆错综复杂等问题仍然存在。对此人们提出这样的问题：能不能依托现代化技术条件，突破专业原有的固化思维，以技术管理综合自动化视角作为切入点，整合、共享软件和硬件资源，在真正意义上对变电站二次部分进行优化设计。实现变电站综合自动化的前提是把变电站二次设备功能组合和优化，并通过现代电子技术、信号处理技术、通信技术和计算机技术，搭建变电站一次设备和二次设备之间的信息交换桥。变电站综合自动化系统由功能完全独立的各微机子系统构成。也就是说，用一台工业控制主机就能管理所有子系统，同时采用微机保护代替传统继电保护，改变了传统继电保护装置与外界无法通信的缺陷。基于我国电力系统的不断发展和完善，人们逐渐认可和接受了变电站综合自动化技术。目前，变电站综合自动化技术已进入大规模推广应用阶段。变电站综合自动化系统可以采集到更多数据和信息，再通过计算机加以整合和判断，为监视和控制变电站内各设备的运行和操作情况提供便捷。

当然，变电站综合自动化系统得以实现，离不开各项新技术的发展与支持。以下几个方面是变电站综合自动化系统目前使用较为广泛的新技术。

1. 数字信号处理技术的应用

20 世纪 80 年代以来，随着计算机和信息技术的飞速发展，数字信号处理

（DSP）技术应运而生。DSP 具有体积、功耗小，运算速度高等特点。它的出现和应用不仅使变电站一次设备分散布置的分散式测控单元很快发展起来，还为变电站提供了强大的功能综合优化手段。如可以从输电线路、变压器等设备上直接采集电压、电能、功率的测量数据。通过 DSP，人们可以获得各相电流和电压的数字波形。经过计算，将各相电流和电压的基波和谐波有效值，以及各种电量测量和相关输入输出触点的实时数据，集成到变电站综合自动化系统中。

2. 数字通信技术和光纤技术的应用

随着数字通信设备的快速发展，通信技术所需的光纤通信技术也逐渐崛起，并迅速取代了金属电缆和同轴电缆。光纤通信技术不仅可以用于远程通信，还可以用于短距离大容量信息的传输。除了具备衰减小、信道多、频带宽等特点，光纤通信还具备抗干扰能力，主要包括不受电磁干扰、暂态分量、浪涌和各端间地位差的影响，可以起到保护和监控装置的作用。

3. 计算机网络技术和现场总线技术的发展

20 世纪 80 年代以来，现场总线技术和计算机网络技术都得到了极大发展。特别是近些年来，现场总线不仅成为过程控制理论的热门话题，更成为相关领域的技术热点，特别是局域网技术的应用和发展，已经成为新时代的潮流。由于能够为电力系统提供更好的帮助，该技术目前已被广泛应用于变电站的综合自动化中。

正是由于上述原因，变电站综合自动化系统的研究和生产工作逐渐深入，其技术水平有了很大提高，体系结构也在不断改进。但为了达到变电站综合自动化的总目标，系统还应在满足相应要求的条件下，不断开阔设计思路，运用新原理、新技术，增强设备功能，优化设备工艺，以满足变电站的远期发展要求。

（三）变电站综合自动化的基本特征

变电站综合自动化的核心是自动监控系统，因为它主要是利用监控系统的局域网或现场总线，处理相应的各装置采集的模拟量、脉冲量、开关量和一些非电量信号，并重组各装置功能，根据预定的程序和要求，监视和调度变电站综合自动化的实现。此外，监控系统的局域通信网络是变电站综合自动化的纽带，它连接了微机自动装置、微机继电保护以及微机远动功能，从而形成自动监控系统。以下几方面是变电站综合自动化系统最明显的特征。

1. 功能综合化

变电站综合自动化技术的产生离不开微机、数据通信、自动化等技术方面的支持，它是由多种专业技术相互配合、相互交叉的技术密集的系统。除了变电站中的一次设备、直流电源和交流电源以外，所有的二次设备都被它综合。基于综合自动化系统中的微机监控系统，将变电站的模拟屏、变送器、仪表屏、操作屏，无功补偿、中央信号系统，电压、远动 RTU 等自动调节功能集于一身，同时又把故障测距、微机保护、自动按频率减负荷、故障录波、自动重合闸、小电流接地选线等自动装置功能与自身巧妙结合。由于这些综合功能都是通过局域网或现场总线，将各微机系统中的硬件资源和软件资源共享后形成，所以微机保护和自动装置也要更倾向于自动化。

综合自动化系统的综合功能一般是通过监控系统对中央信号系统、仪表和设备控制的操作来实现。对于微机保护和部分重要自动装置，是在接口功能综合且独立的前提下，通过远程自动监控实现。此种综合监测方法，不仅保护了部分自动装置，还保持了装置原有的独立性和可靠性。

2. 结构分布、分层化

综合自动化系统是一个分布式系统，内部包含的子系统都是按分布式结构设计的，每个子系统又由多个 CPU 完成不同的功能。于是，一个超级庞大、完整且高度协调的 CPU 有机综合群系统就此诞生。为了保证变电站自动化所有功能的正常运行，大量的 CPU 在综合系统中同时运行。此外，综合自动化系统的整体结构将根据变电站的物理位置和每个子系统的不同功能，按照分层原则进行组合。典型的分层原理是将变电站自动化系统分为变电站层和间隔层，并在此基础上形成分散的综合自动化系统。

3. 操作监视屏幕化

传统变电站工作人员每天都要面对庞大的模拟屏，当有工作需要时，工作人员还需要在短路器安装处或是在控制屏进行手动跳、合闸操作。最令工作人员头疼的是，传统变电站里使用的报警信号是光字牌报警信号，这种报警信号在开关转冷备用时，很有可能因为信号回路没有串接开关辅助接点而发出信号误导工作人员。变电站实现综合自动化后，不仅为工作人员减少了工作量，还在很大程度上提高了工作效率。工作人员只需面对一台彩色显示器，就能监视变电站内全部实时运营情况，并对各个设备的开关进行操控，此操控只需显示器屏幕上的鼠标或键盘操作即可。如果机器自身或设备运行出现了问题，或是有其他因素干扰，显示器画面就会不停地闪烁并发出文字或语音报警提示，比传统光字牌报警信号准确得多。

4. 通信系统网络化、光缆化

目前，在综合自动化系统中运用较普遍的有三种技术，即计算机局域网络技术、光纤通信技术、现场总线技术。综合自动化系统具有强大的抗电磁干扰能力，能够满足当代高速数据传送和实时性的需求，在改善传统变电站各种电缆连接繁杂问题的同时，大大提高了扩展性和可靠性，为施工提供了便捷条件。

5. 运行管理智能化

智能化不仅体现在能够自动报警、事故判别、小电流接地选线、电压无功自动调节以及自动报表等常规的自动化功能上，还体现在对自身进行诊断方面，并能把诊断结果及时反馈至主控端，这也是运行管理智能化与传统二次系统的最大区别。传统二次系统只能对一次设备进行监测，而且需要工作人员不定期对其进行质量检查和维护。综合自动化系统更加智能，在监测一次设备的同时，也能监测出自身是否有故障。运行管理智能化不仅使变电站的二次系统去繁从简，还具有相对完整的信息，打破了传统二次系统在各专业界限和设备方面的划分原则，可以根据功能或间隔灵活地形成集中组屏或分散安装的不同的系统组合，改变了传统保护装置无法与调度中心通信的缺陷。

6. 测量显示数字化

指针式仪表是变电站长期以来使用的主要测量仪器，但其存在读数不便捷、准确度较低的缺点。采用微机监控系统后，常规指针式仪表被显示器上的数字显示替代，彻底改变了传统测量手段，使测量数据更直观、明了地展现在工作人员眼前。微机监控系统的出现，不仅减轻了工作人员的劳动强度，使其不用再抄表记录，而由打印机打印报表完成任务，还提高了测量的精确度和管理的科学性。

正因为变电站综合自动化系统具有如此多的优点，其在发展过程中才被注入了无穷的生命力。特别是近些年来，研究变电站综合自动化已成为科技发展中的重点话题，功能和性能方面也被不断加以完善。变电站综合自动化极有可能成为今后变电站主导技术，也将成为变电站改造的首选产品。

二、变电站综合自动化系统的功能

通常情况下，变电站综合自动化系统的主要功能是监视、控制和调节电气设备状态及采集变电站电气量。变电站综合自动化技术可以确保变电站的安全和有效运行，还可以实时监视和操控变电站的运行状态。如果变电站发生事故，可以通过故障录波、继电保护等操作，采集、监视和控制瞬态电气量，进而将故障迅速切除，恢复变电站的正常运行。

变电站实现综合自动化的最终目的是全面提升变电站的管理水平和运营水平，并在此基础上提升变电站的供电质量，帮助值班人员减轻工作强度，提高工作效率。

（一）继电保护功能

在变电站综合自动化系统中，微机继电保护主要包含电力变压器保护、电容器保护、输电线路保护以及母线保护等。另外，继电保护具有特殊性和重要性，因此，综合自动化系统应该重视继电保护的独立性和可靠性。具体而言，继电保护应该注意以下几点要求：

（1）根据被保护的电力设备间隔和设备单元的不同，系统的继电保护独立设置，在输入电气量时，直接由电压互感器、电流互感器控制；在输出电气量时，主要由触点控制。所以，系统的继电保护直接作用于断路器的跳闸线圈。

（2）保护装置直接接入站内通信网，内部设有专门的通信接口，保护动作完成后，会向处于变电站层的微机设备发送报告。但是，继电保护功能并不完全依赖于通信网。

（3）可以给保护装备配置一些其他功能，尤其是 35kV 及 35kV 以下的设备，这些辅助功能可以降低设备造价，提升系统的可靠性，避免出现重复的硬件设备。但值得注意的是，增加保护功能的必要前提是不降低保护装置的可靠性。

（4）除了保护装置不依赖通信网以外，还有一部分重要控制设备也不依赖通信网，比如变压器分接头有载切换的无功电压控制装置和备用电源自动投入装置等，如果是专用的设备装置，应该安装在对应的间隔屏上。

（二）监视控制功能

变电站综合自动化系统应该改变常规的监视控制装置，弥补系统不能和外界通信的缺点。监视控制装置包括录波器和变送器等，比较常规的操动机构有模拟盘、手控无功补偿以及操作盘等；另外，还包括取代常规装置的光字牌以及中央信号系统等，运动装置和电磁式防误闭锁设备等。变电站综合自动化系统的基本功能包括以下几项内容。

1. 实时数据采集与处理

实时数据采集与处理包括模拟量、开关量等。

需要采集的模拟量主要有：变电站各段母线电压、线路电压、电流、有功功率、无功功率，主变压器的电流、有功功率和无功功率，电容器的电流、无功功率，馈出线的电流、电压、功率、频率、相位、功率因数等，主变压器的油温、直流电源电压，站用变压器的电压等。

采集的开关量有：变电站断路器位置状态、隔离开关位置状态、继电保护动作状态、同期检测状态、有载调压变压器分接头的位置状态、变电站一次设备运行告警信号、接地信号等。这些状态信号大都采用光电隔离方式输入或通过“电脑防误闭锁系统”的串行口通信获得。对于断路器的状态采集，需采用中断输入方式或快速扫描方式。隔离开关位置状态和分接头的位置状态信号，可采用定期查询方式读入计算机进行判断。继电保护动作状态一般取自信号继电器的辅助触点或以开关量的形式读入计算机。微机继电保护装置大都具有串行通信功能，其保护动作信号可通过串行口或局域网输入计算机，这样可节省大量的信号连接电缆，节省了数据采集系统的输入、输出接口量，从而简化了硬件电路。

2. 运行监视功能

运行监视功能是指运行设备自动监视变电站的设备状态及运行工况，即由运行设备监视变电站的模拟量及开关量的变位情况。在监视变电站开关量变位的同时，还可以对变电站的隔离开关、断路器以及变压器分接头位置等进行监视；另外，还可以监视变电站的继电保护动作情况和动作顺序等。具体而言，监视模拟量可以分为追忆事故时的模拟量变化以及正常测量等。

如果变电站出现设备异常和非正常状态，变电站监控系统可以及时发出语音报警和事故音响；此外，系统还可以将报警画面及时呈现在显示器上，运行人员也可以通过相关设备分析和处理事故信息，并将事故信息存储到相应位置。

对于一个典型的变电站，应报警的参数有：母线电压报警，即当电压偏差超出允许范围且越限连续累计时间达一定值（例如 30s）后报警；线路负荷电流越限报警，即按设备容量及相应允许越限时间来报警；主变压器过负荷报警，按规程要求分为正常过负荷、事故过负荷报警；系统频率偏差报警，即当其频率监视点超出允许值时的报警；消弧线圈接地系统中性点位移电压越限及累计时间超出允许值时报警；母线上的进出功率及电能量不平衡越限报警；直流电压越限报警。

报警方式主要有：自动推出画面、报警、语音或音响提示、闪光报警、信息操作提示（如控制操作超时）等。

3. 事故顺序记录与事故追忆功能

事故顺序记录是指变电站记录设备自动记录变电站的自动装置和继电保护等出现事故时的先后顺序，可以将事故发生的时间精准到毫秒，相关工作人员可以通过显示器显示和打印输出自动记录报告。事故顺序记录对自动装置、事故分析断路器的动作情况等起到了非常重要的作用。

事故追忆是指在事故前后一段时间内，连续测量和记录变电站内的主要模拟量，具体包括有功功率、主变压器各侧的电流和变电器线路等。工作人员可以通过这些记录充分了解系统出现事故前后的工作状态，进而更准确地分析和处理变电站内的事故。

4. 控制及安全操作闭锁功能

专业操作人员可以通过显示器屏幕分闸或合闸断路器和隔离开关；可以调节和控制变压器的分接头；可以投、切控制电容器组，同时，显示器应该具备遥控操作命令的功能，实现远程操作；此外，所有的操作控制都应该具备就地控制和远程控制的功能，并实现就地和远程切换闭锁。

操作管理权限主要按照分级（分层）原则管理。监控系统具有操作和管理权限的作用，让操作员、调度员、系统维护员等按照权限分级（权限分层）进行操作、控制。

操作闭锁的主要内容：操作系统出口的功能主要包括合闸闭锁和短路跳闸。从实际情况来看，操作系统具有自动实现断路器操作的闭锁功能，可以实现一次设备现场维护操作的“五防”功能。“五防”功能指防止带地线合隔离开关，防止带负荷拉、合隔离开关以及防止误分、合断路器等功能。显示器屏幕操作闭锁功能指显示器实现有权操作和控制需要输入正确的监护口令、操作口令。

5. 数据处理与记录功能

监控系统不仅需要实现以上几种功能，还要实现数据处理和数据记录的功能。在数据处理的过程中，它的主要内容是形成并存储历史数据。除此之外，为了满足变电站管理及继电保护的需求，监控系统必须进行数据统计，具体内容如下：

（1）输电线路、主变压器的无功功率及有功功率的对应时间、最大值及最小值。

（2）对母线电压最低值、最高值进行定时记录，定时记录电压的变化时间。

（3）对断路器的动作次数进行统计，将断路器切除故障电流和电路跳闸的累计次数统计出来。

（4）记录监控系统及控制操作过程。

除此之外，监控系统还要具备自动恢复和切换、打印等功能。

（三）自动控制装置功能

变电站综合自动化系统必须具备的功能是确保系统安全、给系统持续供电以及提升电能质量自动控制能力等。因此，变电站综合自动化系统都应该配置自动控制装置，常用的控制装置包括小电流接地选线装置、电压装置、低频率减负荷控制装置以及无功综合控制装置等。

1. 电压、无功综合控制

变电站的电压、无功综合控制指运用母线无功补偿电容器及电抗器、有载调压变压器自动调节局部的电压和无功补偿，进而控制负荷侧母线电压偏差。当控制中心直接控制局部电压和无功补偿时，调整变压器分接头开关和投切电容器组可以进行远程控制，在控制中心规定了电压曲线或无功曲线的前提下，变电站综合自动化系统可以就地控制设备功能。

2. 低频率减负荷控制

如果因为事故导致有功功率缺额，电力系统的频率就会因此下降。作为低频率减负荷装置，应该具备及时断开一部分负荷的功能，这样可以有效降低系统频率，进而确保电力系统的平稳运行，保障重要负荷顺利运行。被切除的负荷会在系统恢复频率之后达到正常值，在此基础上，负荷装置可以逐步实现远程手动恢复功能。

实现低频减负荷的关键方法是测频。在应用微处理器之前，测频主要运用的是电磁型频率继电器或晶体管型频率继电器。随着技术的进步和发展，产生了数字式频率继电器，此外，继电器组合逐渐形成了整套低频率减负荷装置。在变电站自动装置中，人们广泛应用计算机，常规的低频率减负荷装置逐渐被微机型低频率减负荷装置取代。当前，比较常用的微机型低频率减负荷的方法主要包含两种。

（1）运用专业的低频率减负荷装置，把所有的反馈电线路分成 1~8 轮、特殊轮，切除负荷的主要依据是系统频率降低的实际情况。

（2）把低频减负荷的控制分散到馈线保护中。

3. 备用电源自投控制

如果工作电源因为设备故障无法供电，自动装置应该及时、自动使用备用电源，或者直接将装备连接到备用电源上。典型的备用自动投入装置包括分段断路器备投、单母线进线备投以及桥断路器备投等。

4. 小电流接地选线控制

如果小电流接地系统发生单相接地的情况，接地保护应该及时选出正确的接地相、母线和接地线路；另外，相关装备应该及时报警。

三、变电站综合自动化的硬件结构形式

从变电站综合自动化系统的发展过程来看，其结构形式有集中式、分层分布式、分散集中结合式、完全分散（层）分布式；从安装物理位置上来划分，有集中组屏、分层组屏和分散在一次设备间隔上安装等形式。

（一）传统变电站改造模式

传统变电站自动化改造模式由应用最普通的远方终端加上当地监控系统组成。这种结构方式是在保留常规的电气二次设备的基础上，利用普遍运用的 RTU 再配以变送器、不间断电源等构成。保护系统独立配置，其信息可通过遥信输入回路或通过串行口按规约送入 RTU。根据用户的不同要求，可配置一台主机，也可配置一个完整的计算机监控系统。此模式完全保留了 RTU 的功能和常规二次回路的设计，适合于各种电压等级的变电站利用传统的 RTU 实现自动监控功能。

（二）集中式变电站综合自动化系统

集中式变电站综合自动化系统是指运用档次不同的计算机扩展变电站系统的外围接口电路，进而集中采集变电站的信息，具体包含开关量、模拟量及数字量等，对这些数据进行集中处理，由此实现微机保护和自动控制功能。另外，集中式结构的变电站并不是指微机保护、微机监控等功能都由一台计算机完成。大多数情况下，集中式变电站系统的微机监控、微机调度等功能主要由不同的计算机实现，每台计算机的任务量会减少。比如，监控机主要承担数据采集和处理、人机联系等；当计算机承担微机保护任务时，一台微机要负责几回低压线路的保护。集中式结构形式主要应用于变电站综合自动化系统出现的初级阶段。

集中式结构形式主要安装在变电站的主控制室内，根据变电站功能微机保护装置、规模配置相应容量及数据采集系统进行划分。在变电站系统中，各类进出线路、主变压器的运行状态主要通过电缆传输到监控计算机或保护装置上，在此过程中，保护装置和监控计算机会将数据传输到调度中心的主计算机上。当地监控计算机的主要功能是显示、控制数据通信信息，并将信息制成表格打印出来。

集中式结构的变电站综合自动化系统主要运用于改造或新建小型变电站。

（三）分层分布结构集中式组屏的变电站综合自动化系统

1. 中、小型变电站的分层分布式集中组屏结构

分层分布式集中组屏结构是指按照系统的功能将整套综合自动化系统组装成多个柜（屏），比如线路保护屏、主变压器保护柜以及出口屏等。通常情况下，这些柜（屏）都集中在主控制室内，此种组屏结构就是“分布集中式结构”。

为了提升变电站综合自动化系统的整体性和可靠性，一部分按照功能将系统分为分布式多 CPU 系统。一般情况下，一个 CPU 组成一个功能单位；另外，也有多个 CPU 完成一个功能单元的情况，比如，有主保护、主变压器保护等。通常由两个或两个以上的 CPU 完成保护功能，按照功能设计分散模块化结构的主要特点是组态灵活、软件简单以及方便调试维护等。

综合自动化系统运用的管理模式是分层（分级）管理模式，换言之，保护管理机直接管理各保护功能单元。多个单元模块可以由一台保护管理机管理。各单元模块主要通过总线连接，比如 CAN 总线和 RS-485 总线等；另外，数采控制机管理各单元的交流采样；开关屏处理开入信息，控制屏处理开出信息。单元层的第二层结构包括数采控制机、保护管理机和控制处理机等。当这些机器都正常运行时，各保护单元的具体工作由保护管理机监视，一旦出现不正常的工作状况，保护管理机会将具体情况报告到监控机和调度中心。另外，一旦出现保护

动作的信息，管理机也会将保护动作信息发送给监控机和调度中心。反之，监控机、调度中心也可以通过保护管理机下达保护和修改信息。在此过程中，数采单元、开关单元采集的数据由数采控制机、开关量采集处理机传送到监控机和调度中心；此外，开关量采集处理机、数采控制机也接收监控机和调度中心的反馈信息。总而言之，第二层管理机的主要作用是协助监控机管理间隔层，帮助监控机减轻工作负担。

变电站的监控主机又可称为上位机，主要通过数采控制机、局域网络与保护管理机等机器通信。在没有人值班的变电站，监控机主要负责调度中心的信息通信，让系统运用 RTU 的功能完成“四遥”任务；如果有人在值班的变电站，不仅需要给调度中心发送信息，还需要将人机联系在一起，变电站综合自动化系统可以运用监控机实现表格制作、打印信息和显示当地信息等功能。

2. 大型变电站分层分布式集中组屏结构

如果是大型变电站综合自动化系统，变电站的管理层可能配置了通信控制机，此种控制机主要负责给调度中心传递信息；另外，也可能配置了工程师机，这种机器的主要作用是软件开发和软件管理。除此之外，变电站的功能间隔层还配置了各种录波装备等。

（四）分散分布式与集中相结合的综合自动化系统结构

当前，国内最流行、最符合实际、相对先进的综合自动化系统是分散分布式和集中式相结合的自动化系统结构。此种系统结构主要运用“面向对象”的方法设计，根据电气一次回路或者电气间隔的方式设计系统结构。其中，电气间隔包括变压器、电容器和出线等。在间隔层，系统的各项数据采集、单元控制和单元保护都设计在同一个机箱内；另外，机箱分散安装在一次设备周围或开关柜上。这种设计可以让间隔单元相互独立，只需要电缆或光纤就可以实现站控机对信息的管理和交换。上述信息通信方式是物理分散、功能分布有机融合的效果。通常情况下，可以在间隔层实现的效果一般不需要使用通信网络，比较典型的案例是保护功能不需要使用通信网络。

组态模式最大限度地节省了土地投资，因为组态模式压缩了二次设备和二次电线；换言之，组态模式综合了分布式所有优势。组态模式本身具有灵活的配置，从安装配置的角度来看，不仅可以分散地安装在间隔开关柜外，还可以有效实现集中组屏和分层组屏；另外，还能实现低压开关室内分别组屏等。在开关柜内，配电线路保护及测控单元以分散的方式安装，而主变压器保护装置等运用集中组屏系统结构，这种分散安装和集中处理相结合的方式可以保障变电站综合自动化系统正常运行。

（五）完全分散式的综合自动化系统结构

硬件结构属于完全分散式的综合自动化系统，完全分散式综合自动化系统指以一次主设备为安装单位，把保护单元、输出单元、输入单元和控制单元等就地分散安装在开关柜上。在主控制室内，主控单元的通信渠道是现场总线连接和分散单元连接。另外，主控单元在与主机联系时，主要通过网络和监控实现这一功能。

从实现模式的角度来看，完全分散式结构综合自动化系统可以分为两大类：一类是测量和控制融为一体、相对独立，比较常见的系统是 SIEMENS 的 LSA678 和 BJ-2 型等；还有一类是测量、控制和保护完全融合，高度综合了变电站自动化功能，比如 SCS200 系统。

当前，变电站综合自动化系统的结构及功能正处于快速发展的阶段，它的发展方向一定是全分散式结构，因为这种结构具有独特的优势。另外，随着新技术和新设备的不断发展，原来的高压线路保护装置及主变压器保护都可以安装在高压设备周围。变电站综合自动化系统的功能和结构运用光纤技术、局域网技术把集成功能、各开关柜的保护联系在一起，形成了全分散化综合自动化系统和结构，为变电站的发展提供了有效的技术条件和技术支持，促进了变电站高水平、高质量发展。

第二章 智能变电站的二次系统配置与技术

随着近些年国网公司智能电网战略的全面实施，我国已建成上千座智能变电站。智能变电站有别于常规变电站的最大特征是二次系统深度依赖于变电站系统配置描述（SCD）文件。随着智能变电站的大范围推广，智能变电站前期设计、调试、运维的问题也逐渐暴露，给二次技术人员带来了很大的挑战。因此，理解和掌握二次系统配置对二次技术人员是十分重要和必要的。

第一节 ICD 文件与虚端子连接表设计

一、ICD 文件

ICD 文件是 IED 装置的能力描述文件，在配置流程中，是作为集成 SCD 的基础文件之一，各设备制造商应提供满足工程需要的 ICD 文件给工程集成商或者设计院。

ICD 建模相关要求如下。

（一）对 ICD 文件的要求

（1）ICD 文件应包含模型自描述信息，如 LD（逻辑设备）和 LN 实例应包含中文“desc”属性。

（2）ICD 文件中数据对象实例 DOI（数字对象标识）应包含中文的“desc”描述和 dU 属性赋值，两者应一致并能完整表达该数据对象的具体意义，其中 dU 是用于描述的数据属性，功能约束为 DX。

（二）对系统配置工具的要求

（1）系统配置工具导入 ICD 文件时不应修改 ICD 文件模型实例的任何

参数。

（2）系统配置工具导入 ICD 文件时应能检测模板冲突。

（3）系统配置工具导入 ICD 文件时保留厂家私有命名空间及其元素。

（4）系统配置工具应支持数据集及其成员配置。

（5）系统配置工具应支持 GOOSE 控制块、报告控制块、采样值控制块、日志控制块及相关配置参数配置。

（6）系统配置工具应支持 GOOSE 和 SV 虚端子配置。

（7）系统配置工具应支持 ICD 文件中功能约束为 CF 和 DC 的实例化数据属性值配置。

二、虚端子连接表设计

智能变电站中设计和集成存在一定的对应关系，二次设备供应商在智能变电站建设过程中需要提供两个资料，即 ICD 模型文件和虚端子表，其中 ICD 文件用来集成 SCD 文件，而虚端子表用来设计虚端子连接表，二者的连接关系一一对应，设计人员基于虚端子表，结合具体工程完成虚回路的设计。

目前，智能变电站中设计与集成的关系有两种模式：一种是设计与集成一体，设计和集成统一由设计院负责，只用一个设计系统工具，同时生成 SCD 文件和虚端子连接表，其优势在于 SCD 文件中的连接关系与虚端子表中的连接关系总是一一对应；另一种是设计与集成分开，设计院先完成虚端子连接表设计，集成商（二次设备供应商）再根据虚端子连接表集成 SCD 文件，其优势是目前各厂家集成工具较成熟，同时集成商一般由监控系统厂家担任，兼容性较强，缺点是设计和集成不同步，集成商与设计人员沟通不力时容易造成 SCD 文件中的连接关系与虚端子表中的连接关系不对应。目前由于统一的设计工具不够成熟，主要采用第二种方式。

下面结合规范中的 220kV 线路的虚端子表，具体介绍虚端子连接表的设计。

（一）虚端子表

继电保护新“六统一”对各二次设备制造商的装置虚端子表等信息进行了规范，统一了信号名称、软压板及应用路径的要求。下面以 220kV 线路保护来介绍具体的虚端子连接，220kV 线路保护（双母线接线）对应的虚端子表见表 2-1 ~ 表 2-3[1]。

[1] 本节表格均引自宋福海，邱碧丹.智能变电站二次设备调试实用技术［M］.北京：机械工业出版社，2018:8-9.

表 2-1 220kV 线路保护装置 SV 输入虚端子表（双母线接线）

序号	信号名称	软压板	序号	信号名称	软压板
1	MU 额定延时	SV 接收软压板	9	同期电压 Ux2	SV 接收软压板
2	保护 A 相电压 Ua1		10	保护 A 相电流 Ia1	
3	保护 A 相电压 Ua2		11	保护 A 相电流 Ia2	
4	保护 B 相电压 Ub1		12	保护 B 相电流 Ib1	
5	保护 B 相电压 Ub2		13	保护 B 相电流 Ib2	
6	保护 C 相电压 Uc1		14	保护 C 相电流 Ic1	
7	保护 C 相电压 Uc2		15	保护 C 相电流 Ic2	
8	同期电压 Ux1				

220kV 线路保护和母差保护共用同一组保护电流绕组，采用双 AD 通道接入保护装置，电压和电流通道共用同一个 SV 接收软压板。

表 2-2 220kV 线路保护装置 GOOSE 输入虚端子表（双母线接线）

序号	信号名称	软压板	备注
1	断路器分相跳闸位置 TWJa	无	
2	断路器分相跳闸位置 TWJb	无	
3	断路器分相跳闸位置 TWJc	无	
4	闭锁重合闸-1	无	同一 LN
5	闭锁重合闸-2	无	
6	闭锁重合闸-3	无	
7	闭锁重合闸-4	无	
8	闭锁重合闸-5	无	
9	闭锁重合闸-6	无	
10	低气压闭锁重合闸	无	
11	远传 1-1	无	同一 LN
12	远传 1-2	无	
13	远传 1-3	无	
14	远传 1-4	无	
15	远传 1-5	无	
16	远传 1-6	无	
17	远传 2-1	无	同一 LN
18	远传 2-2	无	

续表

序号	信号名称	软压板	备注
19	远传 2-3	无	同一 LN
20	远传 2-4	无	
21	远传 2-5	无	
22	远传 2-6	无	
23	其他保护动作-1	无	同一 LN
24	其他保护动作-2	无	
25	其他保护动作-3	无	
26	其他保护动作-4	无	
27	其他保护动作-5	无	
28	其他保护动作-6	无	

220kV 线路保护接收断路器位置统一以“分相跳闸位置”命名，闭锁重合闸主要用于接收来自智能终端的闭重信号（含母差动作、手跳闭重等）。

表 2-3 线路保护装置 GOOSE 输出虚端子表（双母线接线）

序号	信号名称	典型软压板	引用路径	备注
1	跳断路器 A 相	跳闸	PIGO/ * PTRC * . Tr. phsA	同一 LN
2	跳断路器 B 相		PIGO/ * PTRC * . Tr. phsB	
3	跳断路器 C 相		PIGO/ * PTRC * . Tr. phsC	
4	启动 A 相失灵	启动失灵	PIGO/ * PTRC * .StrBF. phsA	
5	启动 B 相失灵		PIGO/ * PTRC * .StrBF. phsB	
6	启动 C 相失灵		PIGO/ * PTRC * .StrBF. phsC	
7	永跳	永跳	PIGO/ * PTRC * .BlkRecST. stVal	
8	闭锁重合闸	闭锁重合闸	PIGO/ * PTRC * .BlkRecST. stVal	
9	重合闸	重合闸	PIGO/ * RREC * . Op. general	
10	三相不一致跳闸	三相不一致	PIGO/ * PTRC * . Tr. general	
11	远传 1 开出	无	PIGO/ * PSCH * .ProRx. stVal	
12	远传 2 开出	无	PIGO/ * PSCH * .ProRx. stVal	
13	过电压远跳发信	无	PIGO/ * GGIO * . Ind * .stVal	
14	保护动作	无	PIGO/ * GGIO * . Ind * .stVal	
15	通道一报警	无	PIGO/ * GGIO * . Ind * .stVal	
16	通道二报警	无	PIGO/ * GGIO * . Ind * .stVal	

续表

序号	信号名称	典型软压板	引用路径	备注
17	通道故障	无	PIGO/ * GGIO * . Ind * .stVal	可选，运行通道均退出时，发此报警信号
18	过负荷报警	无	PIGO/ * GGIO * . Ind * .stVal	

220kV 线路保护包括分相跳闸、启动失灵回路，压板分开设置。PIGO/* PTRC *.Tr.phsA 等为虚端子的引用路径，*代表实例号和前缀等。

上述虚端子表是设计院设计虚回路的基础。

（二）虚回路设计

智能变电站二次回路设计以装置的虚端子为基础，通过关联两侧的虚端子来实现各 IED 之间的信息交互。并且还应对虚端子回路进行标注，包括描述虚端子信息的虚端子定义、各智能装置中的内部数据属性以及是否配置软压板。从实际应用来看，虚端子与以前常规的电缆没有本质区别，可以按照常规变电站的回路思路进行逻辑连线。

设计人员针对每个装置都设计一个虚端子连接表，该虚端子表包含了装置的 GOOSE 及 SV 的开入、开出信息，详细描绘了该装置与外部装置的关联关系，并留出适量的备用虚端子，这样就与传统站的端子排对应起来，同时表格中虚端子的增加或者删除也非常便捷，维护方便。此外，配合网络方案配置及光纤走向示意设计图，也便于信息的定位和查找。

实际工程应用设计中，前期根据具体工程配置环境、技术方案，完成各电压等级分组网结构的间隔虚端子信息。

第二节　通信参数设置与 SCD 集成过程分析

一、通信参数设置

与寄快递相似，为了把货物送达目的地，需要知道相应的地址及电话等联系方式，设置网络通信参数就是填写联系方式，从而把装置报文内容送至相应的接收装置。

系统集成商按要求对全站 IED 进行站控层、间隔层、过程层通信地址分配，列出全站通信地址表，包括保护、测控装置、智能终端、合并单元、故障录波装置、远动通信管理机、网络分析仪、后台监控机等地址。

（一）通信参数设置的基本要求

（1）通信子网是 IED 的逻辑连接，其配置宜以站内电压等级及网络类型为依据划分。

（2）通信子网按访问点类型宜分为 MMS 网、GOOSE 网和 SV 网三类。

（3）相同类型的通信子网均宜使用前缀区分电压等级。

（4）通信子网命名宜为 GOOSE__Y、SV_Y、MMS_Y；“_Y” 代表子网类型，例如 “__A” 代表 A 网，“__B” 代表 B 网，“__U” 代表单网，如 110kV GOOSE 单网命名为 “GOOSE”。

（5）同一类通信子网内设备访问点下，宜只包含与其子网命名相符的控制块。

（二）SV 通信参数配置原则

需要配置的 SV 通信参数主要包括 MAC-Address、smvID、APPID、ConfRev、VLAN-ID、VLAN-Priority 等。其中目的 MAC-Address、smvID、APPID 等 SV 通信参数应全站唯一。

目的 MAC-Address 为 12 位十六进制值，其范围为 0x01-0c-cd-04-00-00~0x01-0c-cd-04-01-FF。APPID（应用标识）为 4 位十六进制值，其范围为 0x4000~0x-7FFFFF。APPID 习惯上与 MAC 地址配套使用，第 1 字节由 MAC-Address 的倒数第 3 字节、第 2 字节的后一个字符组合而成，第 2 字节取 MAC-Address 的最后 1 个字节，如 MAC 地址：01-0C-CD-04-01-0A，该应用标识为 410A。SV 标识（smvID）宜由 “引用路径”（“IEDName” + “LD 实例名” + “/” + “LLNO” + “.” + “SV 控制块名称”）组合而成，如 P__M2201AUMUSV$LLN0$SV$MSVCB01。VLAN-Priority 为 1 位十六进制值，范围为 0~7，工程中 SV 报文的优先级为 4。VLAN-ID 为 3 位十六进制值，初始赋值 000，此时由交换机标记 VLAN-ID。ConfRev 标识控制块配置版本，初始赋值一般为 1。

（三）GOOSE 通信参数配置原则

需要配置的 GOOSE 通信参数主要包括目的 MAC-Address、appID、APPID、confRev、VLAN-ID、VLAN-Priority、MinTime、MaxTime 等，其中目的 MAC-Address、appID/GOID、APPID 等 GOOSE 通信参数应全站唯一。

目的 MAC-Address 为 12 位十六进制值，其范围为 x01-0c-cd-01-00-00~0x01-0c-cd-01-01-FF。保护、测控、合并单元、智能终端装置 GOOSE 网 MAC 地址分配时，需考虑每个 ICD 文件的 GOOSE 控制块个数，每个 GOOSE 控制块需占用一个 MAC 地址。而 GOOSE 控制块个数由 ICD 文件的 LLNO 下 DataSet 个数决定，一般 DataSet 个数与 GOCB 个数一致。与 SV 一致，APPID 习惯上与 MAC 地址配套使用，第 1 字节由 MAC-Address 的倒数第 3 字节、第 2 字节的后一个字符组合而成，第 2 字节取 MAC-Address 的最后 1 个字节，如 MAC 地址：01-0C-CD-01-01-0B，该应用标识为 110B。GOOSE 标识（appID）宜由“引用路径”（“IEDName” + “LD 实例名” + “/” + “LLN0” + “,” + “GOOSE 控制块名称”）组合而成，如 P__L2201APIGO/ILN0.gocbl。VLAN-Priority 为 1 位十六进制值，范围为 0 ~ 7，工程中 GOOSE 报文的优先级为 4。VLAN-ID 为 3 位十六进制值，初始赋值 000，此时由交换机标记 VLAN-ID。ConfRev 标识控制块配置版本，初始赋值一般为 1。MinTime 和 MaxTime 的一般配置为 2ms 和 5000ms。

（四）MMS 通信参数配置原则

需要配置的 MMS 通信参数主要包括 IP、IP-SUBNET 等，其中 IP 地址应全站唯一。IP 及子网掩码地址范围为 0.0.0.0 ~ 255.255.255.255。IP 地址采用标准的 C 类地址时，使用 192.168.Y.N 地址格式。IP 地址采用标准的 B 类地址时，使用 172.Y.X.N 地址格式。

二、SCD 集成过程

SCD 配置工具就是用来整合数字化变电站内各个孤立的 IED 为一个完善的变电站自动化系统的系统性工具。

SCD 作为智能变电站的核心文件，在工程完成时必须保证变电站 SCD 文件的唯一性与准确性。

新建的 SCD 文件 Communication 部分，全站子网主要依据接入点类型及所属网络类别来划分。

下面以南瑞继保公司的 PCS-SCD 配置工具介绍 SCD 具体的集成过程。

（一）导入 IED 设备

单击装置列表，在右侧空白处右键单击，选择“新建”，或者选择右上角的“新建”按钮，弹出“导入 IED 向导”。

输入装置名称，其中根据相关规范要求，装置名称（IEDName）输入规则如下：

（1）IEDName 由系统配置工具统一配置并确保全站唯一。

（2）IEDName 依据 IED 在变电站自动化系统中的作用进行命名，宜能直观反映该被作用对象、电压等级等信息，宜按全站远期规模命名。

（3）IEDName 由 5 部分共 8 位合法可视字符组成，分别代表 IED 类型、归属设备类型、电压等级、归属设备编号、IED 编号。

（4）IED 类型：变电站自动化系统中实现不同功能的二次设备类型。

（5）归属设备类型：IED 实现功能或归属的一次设备类型。

（6）电压等级：IED 实现功能或归属的一次设备电压等级。

（7）归属设备编号：IED 实现功能或归属的一次设备的站内编号，宜参照设计阶段设备编号，而不宜使用正式调度编号，避免出现后期调度编号发生改变而修改 IEDName。

（8）IED 编号：IED 的间隔内编号。

（二）IED 设备的配置流程

结合 IED 设备的配置流程，对于 PCS-SCD 软件上每个菜单的功能及用途做深入讲解。

单击一个 IED 设备，在第一个下拉菜单中选择 Logic Device 选项。该 IED 设备包含 5 类逻辑设备，分别是公用、保护、录波 LD、采样 SV 和保护 GOOSE。

在第一个下拉菜单中选择 Logic Node 选项，在第二个下拉菜单中选择 PROT 逻辑设备，可以查看 PROT 逻辑设备所包含的所有逻辑节点。同理，可以查看其他逻辑设备所包含的所有逻辑节点。

在第一个下拉菜单中选择 Data Set 选项，在第二个下拉菜单中选择 PROT 逻辑设备，可以查看 PROT 逻辑设备所包含的所有数据集。同理，可以查看其他逻辑设备所包含的所有数据集。

在第一个下拉菜单中选择 GSE Control 选项，在第二个下拉菜单中选择 PI__PROT 逻辑设备。保护 GOOSE 的逻辑设备是 PI__PROT，因此，只有 PI__PROT 逻辑设备需要设置 GSE Control 选项。通过设置 GSE Control 选项来表明所关联的 GOOSE 报告的来源及属性，这样接收方才可以识别。如果有多个数据集需要设置控制块，需要添加多个控制块后，在 DataSet 栏下双击，在下拉菜单中，选择该控制块对应的数据集名称。

在第一个下拉菜单中还有一个 SMV Control 选项，该选项是 SMV 的控制块设置选项。通常如合并单元等对外发送采样报文的装置才需要设置该控制块。

保护 GOOSE 的逻辑设备是 PI__PROT，采样 SV 的逻辑设备是 SVLD__PROT。因此，在第一个下拉菜单中选择 Inputs 选项，在第二个下拉菜单中选择

SVLD__PROT 逻辑设备，可以设置保护装置的采样输入，如电压、电流的输入虚端子设置；在第一个下拉菜单中选择 Inputs 选项，在第二个下拉菜单中选择 PI__PROT 逻辑设备，可以设置保护装置的 GOOSE 输入，如主变保护的失灵联跳开入、线路保护的断路器位置开入的虚端子设置。

在第一个下拉菜单中还有一个 Report Control 选项，即报告控制块选项。该选项是针对装置与后台的通信参数设置，不做具体描述。

（三）变电站子网的建立及 IED 联网的通信设置

单击 Communication，在空白处右键单击，选择“新建”，或者在右上角选择“新建”按钮。子网新建完成后，依次输入子网名称，选择子网类型，输入子网描述。

（四）IED MMS 网联网设置

单击 MMS 子网，进入 MMS 网设置界面。在右侧的 IED 选择器中，双击需要入网的 IED，展开 IED 的访问点列表。其中，978 装置的 S1 表示 MMS 网的访问点，M1 表示采样访问点，G1 表示 GOOSE 访问点。界面中间窗口包含 3 个页面，分别是 Address、GSE 和 SMV。其中，Address 列出了变电站中所有装置在 MMS 网中基于 OSI 通信模型的访问点及其参数；GSE 列出了变电站中所有装置在 MMS 网中基于 OSI 链路层通信的访问点及其参数；SMV 对 MMS 网无效，不做说明。

选择 Address 页面，单击 978 装置下的 S1 访问点，将其拉入中间窗口中。依次设置该访问点的 IP 及 IP-SUBNET 项，其余参数默认。

当需要在 MMS 网传输 GOOSE 报文，如站控层联闭锁信息，在 MMS 网下选择 GSE 页面，将 IED 装置下的 S1 访问点拉入中间窗口中，并设置 MAC-Address 等通信参数。

（五）IED GOOSE 网联网设置

单击 GOOSE 子网，进入 GOOSE 网设置界面。选择 GSE 页面，单击 978 装置下的 G1 访问点，将其拉入中间页面。依次设置 MAC-Address 等通信参数。

（六）IED SMV 网联网设置

单击 SMV 子网，进入 SMV 网设置界面。选择 SMV 页面，合并单元装置下的 M1 访问点，将其拉入中间页面。依次设置 MAC-Address 等参数，设置方法类似于 GOOSE。

当 SMV 和 GOOSE 共网传输时，关于 SMV 网的相关操作可以在 GOOSE 子网下的 SMV 页面设置完成。

以上就是智能变电站 IED 的整个配置过程，通过以上操作可以将智能变电站中所有 IED 通过 MMS 网、GOOSE 网和 SMV 网联系在一起，最终实现变电站的正常运行。

（七）根据虚端子表进行保护装置的虚端子连线

1. SMV 虚端子连线

下面以 PCS-978 主变保护的采样为例，说明 SMV 虚端子的连线过程。

在 IED 列表中选择 1 号主变保护 A 装置，实例化名称为 TP2201A，在第一个下拉列表中选择 Inputs，在第二个下拉列表中选择 SVLD__PROT，进入主变保护 SMV 虚端子连线的编辑界面。

选择“发布方”。单击“IED 选择器”下方的“外部信号”按钮，双击“MT2201A：1 号主变 220kV 侧合并单元 A”，依次双击展开 M1 访问点下的“dsSVOV0”数据集。将主变保护需要的采样信号依次拉入中间空白。

选择“接收方”。单击“IED 选择器”下方的“内部信号”按钮，依次展开主变保护 M1 访问点下 SVLD__PROT 逻辑设备的逻辑节点列表。将逻辑节点（LN）“SVINTCTR1：高压侧 A 相电流”下的功能约束 FC 为 MX 的数据对象（DO）“Amp：高压侧保护电流 A 相”拉到外部信号对应“1 号主变 220kV 侧合并单元 A/保护电流 A 相 1”所在行释放。同理，对其他采样虚端子进行类似连线。

2. GOOSE 虚端子连线

下面以主变 220kV 智能终端的跳闸为例，说明 GOOSE 虚端子的连线过程。

在 IED 列表中选择 1 号主变 220kV 侧智能终端 A 装置，实例化名称为 IT2201A，在第一个下拉列表中选择 Inputs，在第二个下拉列表中选择 RPIT 逻辑设备，进入 220kV 侧智能终端 A 的 GOOSE 虚端子连线的编辑界面。

选择“发布方”。单击“IED 选择器”下方的“外部信号”按钮，双击“TP2201A：1 号主变保护 A”，依次双击展开 G1 访问点下的“dsGOOSE0”数据集。将主变保护 220kV 侧智能终端的信号依次拉入中间空白。

选择“接收方”。单击“IED 选择器”下方的“内部信号”按钮，依次展开“IT2201A：1 号主变 220kV 侧智能终端 A”的 G1 访问点下 RPIT 逻辑设备的逻辑节点列表。将逻辑节点（LN）“GOINGGIO1：保护 GOOSE 输入虚端子”下的功能约束 FC 为 ST 的数据对象（DO）“SPCSO21：TJR 闭重三跳 1”下的数据属性（DA）“stVal”拉到外部信号“1 号主变保护 A/跳高压侧开关 1”所在行释放。

以上就是保护装置 SMV 和 GOOSE 虚端子的连线过程，通过上述方法，按照设计院提供的虚端子表完成智能变电站全站虚端子的连接，最终生成全站

SCD 文件。

（八）更新 IED 设备

单击 IED 列表，右键单击需要更新 ICD 文件的装置，在弹出的菜单上选择“更新”。

打开“更新 IED 向导”后，单击“浏览”按钮，选择需要更新的目标 ICD 文件。

单击“下一步”按钮，进入 Schema 校验，并显示 Schema 校验结果。

单击“下一步”按钮，勾选更新选项。查看更新结果。

单击“下一步”按钮，结束 IED 更新，并单击“完成”按钮，完成更新 IED 向导。

以上就是南瑞继保公司的 PCS-SCD 制作 SCD 文件的具体过程。

第三节　智能变电站的 SCD 管控技术

在智能变电站建设、改扩建及运维检修过程中，进行全站 SCD、下载智能装置的 CID 等配置文件的全过程管控，可以明确各参与方的权利和责任，更好地协调各方工作，增强管理能力，有效督促厂家控制软件版本的变换频率，控制建设进度，缩短建设周期，保证建设及运维过程更好地遵循相关规范和标准。

另外，对各个智能变电站二次系统配置文件进行严格的全过程管控，可以保证配置文件源头唯一性，确保文件的实时性及准确性，提高信息共享程度，并高效集约地为智能变电站的各种扩展应用及高级应用提供数据基础和实现可能。

一、智能变电站二次系统配置文件全过程管控平台

智能变电站二次系统配置文件全过程管控工作依托全过程管控平台实现。山东容弗新信息科技有限公司开发的管控平台提供了一种实现思路。该平台以智能变电站 ICD、SCD、CID 等配置文件管控为主线，实现了在智能变电站建设过程中对设计、调试、验收、运维、改扩建等各环节的配置文件、相关资料和台账进行归档和管控。平台具体功能包括项目流程管理，项目资料归档入库管理，并提供管控过程中所需要的检测工具、差异化比对工具、一致性比对工具及配置文件可视化工具等。另外，为了提高实用性，平台还提供了便携式离线版全过程管控软件，弥补了建设现场不方便使用在线平台的不足。

具体来说，该平台包括项目管理、资料管理、在线服务工具三大功能模块，各功能模块包含的子功能模块有：①项目管理，包括工程管理、变更控制、缺陷跟踪、任务管理、统计分析五个子业务功能；②资料管理，包括基础参数管理、ICD 入网管理、工程资料管理、历史工程管理、制度规范管理五个子业务功能；③在线服务工具，包括 CRC 校验、SCL 检测、SCD 差异化比较、ICD 与 ICD 比对、CID 与 CID 比对、ICD 与虚端子表比对、SCD 与 CID 比对、SCD 与 ICD 比对、SCD 与 MAC 地址表比对、SCD 与 IP 地址表比对、SCD 与虚回路表比对。

（一）项目管理

项目管理主要是对智能变电站建设或改扩建工程项目的全过程管理。

1. 工程管理

整个项目的全过程包括设计阶段、调试阶段、验收阶段、运维阶段，改扩建过程与新建设过程类似。整个项目全过程的主要工作内容及执行单位见表 2-4[1]。

表 2-4　全过程管控的主要工作内容及执行单位

阶段	任务名称	任务内容	配置文件管控内容
设计阶段	设备材料清册提交	工程创建后生成设备材料清册提交任务，由业主或设计单位提交设备清册	ICD 文件、虚端子接收
	ICD 入网审核	电科院审核 ICD，将符合条件的 ICD 维护到 ICD 入网管理库里	二次智能设备的 ICD 模型入网检测，及工程提交的 ICD 模型的审核及检测
	设计成果上传	设计单位提交 SCD、图样、报表等设计成果附件，SCD 也可在集成联调阶段提交	提交的 SCD 与模型库的 ICD 文档进行比对，确认 ICD 模型的来源无误
	图样会审	设计审核单位审核图样、资料及配置文件的完整性、一致性，为集成联调做准备	资料、图样及配置文件审核管控
调试阶段	提交调试大纲	提交调试大纲，为调试做准备，利用设计单位提交（集成商集成）的 SCD 文档开展验证工作	可利用平台下载 SCD 文件，同时利用在线比对工具对 SCD 与 ICD 模型源文件进行比对，确保 SCD 与 ICD 模型一致
	提交调试报告	进入调试阶段后，对 SCD、CID 等配置文件进行试验验证，如果在调试过程中发生 ICD、SCD 变更，对变更的配置文件进行迭代更换	调试过程中配置文件修改时采用变更流程进行 SCD、ICD 配置文件的管控
	最终版配置文件上传	提交最终的 SCD、CID 及私有的配置文件上传及归档	调试后的 CID 文件与 SCD 文档进行比对，确保下载的配置文件与 SCD 一致性

[1] 宋福海，邱碧丹.智能变电站二次设备调试实用技术［M］.北京：机械工业出版社，2018:35.

续表

阶段	任务名称	任务内容	配置文件管控内容
验收阶段	提交验收方案	提交验收方案，利用调试后的 SCD、CID 进行试验验证	
	提交验收报告	提交验收报告，最终阶段得从装置下载的私有配置文件及 CID 上传、归档	最终的私有配置文件及 CID 可与 SCD 进行比对
运维阶段	检修及缺陷处理	相关配置文件的下载，装置功能及虚回路的检验，配置文件修改或变更的管控	配置文件修改或变更的管控
改扩建工程	在原工程下建立子项目工程流程管理	原有配置文件的下载、修改，新增或技改间隔配置文件的修改等同于新建工程	新旧配置文件的延续管理，可对新增或改动的配置文件进行差异化比对，为现场调试或运检技术人员提供可视化比对服务

工程管理还提供流程跟踪功能，可以很直观地查看当前所处节点、已经历的节点以及下一步任务节点，项目流程的来龙去脉一目了然。

出于电力信息安全考虑，将全过程管控平台部署在内网服务器上，这样只有通过内网计算机才能访问到该平台。而在实际变电站建设过程中，内网计算机的部署地点离工作现场比较远，势必会影响全过程业务流程的及时流转。离线工具为解决该问题提供了一个思路。该思路是利用 U 盘等移动存储介质将内网服务器中的工程项目数据“迁出”，导入到部署了离线版管控平台软件的普通计算机中，进行业务流程的推进。直到本业务流程阶段结束，或者方便使用内网计算机时，将离线版管控平台中的最新项目数据“迁入”内网服务器中，业务流程实现了无缝衔接。在项目数据迁出之后尚未迁入之前，本工程项目无法在内网计算机中进行推进，确保了项目数据来源的唯一性和数据的准确性。

2. 变更控制

在执行完工程的设计任务后、图样会审时以及调试过程中，如果发现需要对工程中设计阶段的 ICD 文件、SCD 文件、图样文件等相关文件进行变更的操作，通过变更控制进行变更操作。在变更控制的整个执行过程中，不允许主业务流程继续往下流转。

（1）变更申请：用以发起变更流程，只要配置了“变更申请”功能项的单位都可以提交申请。

（2）变更预处理：任何配置了“变更预处理”功能项的单位均可进行变更处理，处理内容是“确定变更审批单位”和“确定变更执行单位”。

（3）变更审批：确定是否允许执行变更。

（4）执行变更：具体变更内容可以是追加设备资料、变更设备资料以及提交新设计成果。

此流程主要实现对调试验收过程中 ICD 文件、SCD 文件更迭的管控，SCD 将与同阶段的 ICD 文件一起以不同版本的形式展现在“工程资料管理”中。

3. 缺陷跟踪

缺陷跟踪主要针对调试过程中不影响到 SCD 变化的缺陷，这些缺陷各单位可以直接解决，其目的主要是进行缺陷记录。

4. 统计分析

统计分析功能包括工程延期统计、SCD 变更统计、验收缺陷统计、任务督促统计以及任务执行偏差统计等内容，旨在通过自动收集业务流程执行情况的相关数据，有助于考核各参与单位的执行效率和正确性，督促业务流程的有效流转，提高管理水平。

（二）资料管理

资料管理主要对工程中涉及的各类资料进行管理，包括基础参数管理、ICD 入网管理、工程资料管理、历史工程管理、制度规范管理。

（1）基础参数管理：用以对产品类型、产品系列、标准规范、专业方向、问题类别进行增加、删减、修改等管理。

（2）ICD 入网管理：SCD 文件是全站配置数据的唯一来源，而 SCD 是由 ICD 文件集成而来。一旦 ICD 文件有问题或者有缺陷，将导致 SCD 文件需要重新集成。目前由于厂家 ICD 文件频繁更改，导致调试过程频繁返工，极大地影响调试进度和人员工作量。因此对 ICD 进行严格管理是十分必要的。

（3）工程资料管理：用以保存工程中录入的 ICD、SCD、CID 等配置文件，图样，报表，文档，厂家资料，装置软件版本。可以进行查看、下载。

（4）历史工程管理：用以维护历史工程及相关的资料文件。

（5）制度规范管理：用以录入、查看、下载国际标准、国家标准、行业标准、地方标准、企业标准、地域规范、行业规范、工程规范等资料。

（三）在线服务

在线服务提供了全过程管控过程中需要用到的辅助工具，主要包括 CRC 校验、SCL 检测、SCD 差异化比较、ICD 与 ICD 比对、CID 与 CID 比对、ICD 与虚端子表比对、SCD 与 CID 比对、SCD 与 ICD 比对、SCD 与 MAC 地址表比对、SCD 与 IP 地址表比对、SCD 与虚回路表比对、SCD 文件可视化工具。

（1）CRC 校验：该功能用于检测 ICD、CID、SCD 文件的 CRC 校验码，并支持 CRC 校验码的导出。

（2）SCL 检测：根据 IEC 61850 标准对 ICD 文件、SCD 文件、CID 文件等

进行语法和语义检测，校验其合法性。

（3）SCD 差异化比较：用于比较不同版本 SCD 文件的差异，可以很直观地展示 SCD 文件的修改情况。

（4）ICD 与 ICD 比对：主要功能是比对两个 ICD 文件之间的差异。

（5）CID 与 CID 比对：主要功能是比对两个 CID 文件之间的差异。

（6）SCD 与 IP 地址表比对：该功能用于比较 IP 地址表（Excel 文件形式）和 SCD 文件的内容一致性。比较差异时以子网、装置描述为关键值比较两个文件的 IP 地址、子网掩码是否一致。

（7）SCD 与 MAC 地址表比对：该功能用于比较 MAC 地址表（Excel 文件形式）和 SCD 文件的内容一致性。按装置描述、访问点、控制块名称等字段进行查找，比较对应项的 MAC 地址、APPID 是否一致。

（8）ICD 与虚端子表比对：用于比较虚端子表（Excel 文件）和 ICD 文件之间的虚端子信息的差异。

（9）SCD 与 ICD 比对：用于比对 SCD 文件中某智能装置与该装置 ICD 文件的差异，确保装置使用的 ICD 文件与 SCD 版本的一致性。

（10）SCD 与 CID 比对：用于比对 SCD 文件中某智能装置与该装置 CID 文件的差异，确保装置下载的 CID 文件与 SCD 版本的一致性。

（11）SCD 与虚回路表比对：用于比对 SCD 文件与虚回路表中各网络及装置的各种信息是否一致。

（12）SCD 文件可视化工具：用于 SCD 文件的图形化展示，并能将两个 SCD 文件进行差异化的可视化比较，增添、删除、修改过的虚回路连接采用不同的标识直观地展现给用户。

二、智能变电站二次系统配置文件全过程管控工作流程

（一）参与单位

1. 省级调控中心

省级调控中心负责省级电网智能变电站配置文件的专业归口管理，主要职责如下：

（1）组织宣传并落实上级发布的智能变电站配置文件相关规定和标准。

（2）负责监督并考核各单位智能变电站配置文件的管控过程。

（3）负责智能变电站 ICD 文件的入网管理。

2. 省级电科院

省级电科院负责省级电网智能变电站配置文件的技术管理工作，主要职责

如下：

（1）具体落实和执行上级发布的智能变电站配置文件相关规定和标准。

（2）负责智能变电站验收及运维阶段配置文件管控平台系统（以下简称运行管控平台）的建设、升级改造及运行维护工作，并提供技术支撑和人员培训。

（3）负责运行管控平台上配置文件管控流程的跟踪和监督，并定期发布智能变电站验收及运维阶段配置文件管控过程情况报告。

（4）配合省级调控中心具体落实智能变电站 ICD 文件的入网管理，并在运行管控平台上建立 ICD 标准库。

3. 设计单位

设计单位负责智能变电站工程设计及施工调试阶段设计变更和配置文件管理工作，主要职责如下：

（1）负责智能变电站设计及施工调试阶段配置文件的管控，宜建设本单位设计管控平台系统（以下简称设计管控平台），并负责其有效运转。

（2）及时收集运行管控平台上 ICD 标准库，负责利用 ICD 标准库在设计管控平台上开展智能变电站二次系统的设计。

（3）负责提供详细的设计资料，包括规范的配置文件、二次回路图样等。

（4）负责设计管控平台上设计阶段配置文件的设计管控。

（5）负责设计管控平台上施工调试阶段配置文件的变更和管控。

4. 设备供应商

设备供应商负责提供符合入网要求的智能装置，协助进行装置、系统的配置及下载。

5. 建设管理单位

建设管理单位负责智能变电站工程调试阶段配置文件资料管理及监督工作，主要职责如下：

（1）负责组织召开新建工程配置文件、设计图样等资料施工审查会。

（2）负责督促设计单位向生产运行部门提供设计资料及设计管控过程资料。

（3）负责督促施工调试单位向生产运行部门提供设备台账参数、配置文件等技术资料。

6. 施工调试单位

施工调试单位负责调试阶段配置文件的验证和资料管理，主要职责如下：

（1）开展智能变电站调试工作，负责配置文件的试验验证正确，并将现场需变更设计的要求提交设计单位确认。

（2）负责及时收集设备的台账参数、技术说明书等资料，提交生产运行部门在运行管控平台上创建工程。

（3）验收前，应将与现场版本一致的配置文件提交生产运行部门。

7. 各供电公司调控中心和省检修公司运检部门

各供电公司调控中心和省检修公司运检部门负责落实辖区内智能变电站配置文件的具体专业管理工作，主要职责如下：

（1）负责辖区内智能变电站配置文件及资料的统一管理，包括与现场版本的一致性核对、最终版配置文件归档等工作。

（2）负责在运行管控平台上创建新建工程，组织录入设备台账参数，上传设备说明书、设计图样等资料，开展配置文件管控流程活动。

（3）负责验收阶段的智能变电站配置文件流程管控与节点考核。

（4）负责运维阶段的智能变电站配置文件的变更及运行维护管理。

（二）管控活动

智能变电站的新建、扩建及运行维护过程中，配置文件的修改应遵循“源端修改，过程受控”原则，确保智能装置中运行的配置文件版本的统一性。

智能变电站配置文件管理依托管控平台实现配置文件变更升级、配置文件校验等功能，严格按照修改、校核、审批、执行的管控流程开展工作。

1. ICD 文件的入网管理

（1）省电科院及时收集国网发布的 ICD 文件，以及经认可检测机构检测合格的 ICD 文件，并在运行管控平台上建立 ICD 标准库。

（2）新入网的 ICD 文件或 ICD 文件发生变化时，应上报国网或者认可的检测机构检测合格，正式发布后方可入 ICD 标准库。

2. 设计阶段的配置文件管理

（1）设计单位应使用运行管控平台 ICD 标准库开展设计，ICD 文件应先从国网 ICD 标准库中选取，其次从省网 ICD 标准库中选取。

（2）设计单位提供的设计资料包括 SCD 文件、二次回路图样、虚端子表、ICD 文件版本清单等。

（3）SCD 文件应严格按照相关技术标准和智能变电站 SCD 工程实施规范的要求进行设计。

（4）二次回路图样包括变电站配置图、通信系统配置图、变电站逻辑节点实例化功能图等。

（5）设计单位应在设计管控平台上进行设计阶段的配置文件设计和管控。

3. 工程建设调试阶段的配置文件管理

（1）在调试之前，建设管理单位应组织工程设计、调试、生产运行等单位，共同审核工程配置文件虚回路、虚端子配置方案等。

（2）调试单位对二次系统的功能正确性进行验证，当发现配置文件不正确时，应向设计单位提交设计变更申请。

（3）若涉及配置文件变化时，由设计单位负责确认并修改配置文件，调试单位负责重新验证，设备供应商协助进行装置、系统的配置调整及下载。

（4）设计单位应在设计管控平台上进行施工调试阶段的配置文件的设计变更和有效闭环管控。

（5）现场调试所使用的配置文件应由设计单位统一提供，调试单位应确保现场智能装置实际配置与配置文件的一致性。

（6）调试过程中调试单位应管理好配置文件，包括 SCD 文件、二次回路图样、虚端子表、ICD 文件版本清单、SCD 和 CID 文件的版本变更记录、调试报告等资料。

（7）验收前，调试单位应提交生产运行部门设备的台账参数及相关技术资料，包括与现场一致的厂家设备资料（图样、说明书、虚端子表、ICD 文件等）、设计资料（SSD、SCD、CID 文件和施工图样、虚端子表、IP 地址分配表以及设计更改通知单等），并作为具备验收条件之一。

4. 工程验收阶段的配置文件管理

（1）验收前，生产运行部门应在运行管控平台上创建新建工程，录入设备台账参数，上传设备说明书、设计图样等资料。应确保资料录入的完整性，核实 ICD 文件版本与检测合格的 ICD 标准库模型一致。

（2）验收过程中若涉及配置文件变更，生产运行部门应在运行管控平台上发起变更流程，并对各环节进行有效管控。建设管理单位应协调处理好配置文件变更需整改的内容。

（3）验收结束后，生产运行部门应核实确保最终版配置文件与现场智能装置实际配置一致后，将最终版配置文件及相关资料上传运行管控平台归档，包括 SCD 文件、SSD 文件、CID 文件、交换机配置文件、IP 地址分配表、ICD 文件版本清单、SCD 和 CID 的版本变更记录以及竣工图样和调试报告等。

5. 运行维护阶段的配置文件管理

（1）运行维护阶段的配置文件管理应以工程归档的配置文件及相关资料为依据，保证运维过程中现场实际运行配置文件与归档配置文件的一致性。

（2）智能变电站的日常运维工作原则上不应变更配置文件。

（3）由于缺陷处理、反事故技术措施等引起配置文件变化，应在运行管控平台发起变更流程，进行有效闭环管控。

（4）若涉及配置文件变化时，应全面协调二次系统设计变更和配置文件的变更、下载、调试、验证、资料归档等管理工作，确保变化内容与配置文件的实际改动一致。

（5）若涉及配置文件变化时，应将变电站运行设备上提取的 CID 文件上传至运行管控平台，通过可视化比对校验功能实施配置文件验证管理。

6. 技改、扩建工程的配置文件管理

（1）涉及技改、扩建工程，应在运行管控平台的原有工程上创建子工程，采用基于与现场一致的配置文件。

（2）配置文件管理应参照新建工程管理，各环节的要求同上。

（三）监督考核

为促进全过程管控活动各参与方及时准确地履行各自的职责，提高智能变电站建设效率，保证智能变电站配置文件的有效受控，有必要对参与方及其活动进行监督考核。

监督方法可由省网技术监督单位（目前是省电科院）定期（如每季度）对各单位在运行管控平台上配置文件管控过程情况进行检查，并将结果上报省网技术主管单位（即省调控中心）。

省网技术主管单位对各单位配置文件管控过程进行考核，可以考虑将考核结果纳入继电保护指标及专业管理考核。

三、智能变电站二次系统配置文件全过程管控后期应用

全过程管控活动若能有效执行，可以保证省网所有新建智能变电站配置文件的准确性和权威性。

配置文件对于智能变电站的重要性不言而喻，而智能变电站的大部分后期应用将需要依托智能变电站配置文件开展，例如调度主站端免维护技术、二次安全措施票智能开票系统、智能变电站二次设备自动化检测技术等的开发应用。

配置文件的共享及高效利用将为智能变电站建设和运行维护管理提供广阔的前景。

第三章 智能变电站综合自动化的智能采样

第一节 智能变电站光纤通信与采样技术

变电站是供电系统的重要组成部分，是影响供电系统运行的关键因素。[1]变电站是电力系统中变换电压、接受和分配电能、控制电力的流向和调整电压的电力设施，是输电和配电的集结点，变电站主要有升压变电站和降压变电站等。

变电站的一次设备主要有起变换电压作用的变压器、开闭电路的开关设备、汇集电流的母线、电压电流采样用的互感器等。变电站的主要设备和连接方式，按其功能不同而有差异。

变压器是变电站的主要设备，按其作用不同可分为升压变压器和降压变压器，前者用于电力系统送端变电站，后者用于受端变电站。为了在不同负荷情况下保持合格的电压，有时需要切换变压器的分接头，按分接头切换方式不同变压器有带负荷有载调压变压器和无负荷无载调压变压器。

开关设备包括断路器、隔离开关、负荷开关、高压熔断器等。断路器在电力系统正常运行情况下用来合上和断开电路，故障时在继电保护装置控制下自动把故障设备和线路断开，还可以有自动重合闸功能。隔离开关（刀闸）的主要作用是在设备或线路检修时隔离电压，以保证安全，它不能断开负荷电流和短路电流，应与断路器配合使用。在停电时应先拉断路器后拉隔离开关，送电时应先合隔离开关后合断路器。如果误操作，将引起设备损坏和人身伤亡。负荷开关能在正常运行时断开负荷电流，但没有断开故障电流的能力，一般与高压熔断器配合用于 10kV 及以上电压且不经常操作的变压器或出线上。

变电站二次设备是指对一次设备进行监测、控制、调节、保护以及为运行、

[1] 黄铮.智能变电站网络采样同步新技术初探［J］.科技创新与生产力，2018（1）：62.

维护人员提供运行工况或生产指挥信号所需的低压电气设备，如测控装置、继电保护装置、监控系统、故障录波装置、远动装置、站内通信设备等。

电压互感器和电流互感器的工作原理和变压器相似，它们把高电压设备的运行电压、大电流及设备和母线的负荷或短路电流按规定比例变成测量仪表、继电保护及控制设备用的低电压和小电流。

一、智能变电站光纤通信技术

（一）光纤通信的基本原理

光线在均匀介质中传播是以直线方向进行的，但在到达两种不同介质的分界面时，会发生反射与折射现象。

显然，若 $n_1>n_2$，则会有 $\theta_2>\theta_1$。如果 n_1 与 n_2 的比值增大到一定程度，则会使折射角 $\theta_2\geqslant 90°$，此时的折射光线不再进入包层，而会在纤芯与包层的分界面上掠过（$\theta_2=90°$ 时），或者重返回到纤芯中进行传播（$\theta_2>90°$ 时）。这种现象称为光的全反射现象。

人们把对应于折射角 θ_2 等于 90°的入射角称为临界角。当光在光纤中发生全反射现象时，由于光线基本上在纤芯区进行传播，没有被折射到包层中，从而大大降低了光纤衰耗，这就是光纤通信的原理。

（二）智能变电站中光纤的应用

光纤通信技术由于具备多种优势和特点而广泛应用在我国电力行业中，在电网继电保护、监控及调度自动化方面光纤通信系统的作用越来越重要。电力光纤通信系统对我国电力系统安全、稳定运行的影响是举足轻重的。智能变电站是智能电网的重要基础，而智能化变电站中所有装置的通信都建立在光纤通信的基础上，因此分析光纤通信技术在智能变电站的应用具有十分重要的意义。[1]

在智能变电站中，光纤通信是支撑变电站信息传输与共享的重要技术基础，主要应用于智能变电站过程层网络设备以及部分间隔层设备、变电站之间信息传输，变电站与调度中心的通信，如电子互感器与合并单元的通信、合并单元/智能终端与保护测控装置之间的通信、保护装置之间的通信、变电站之间的远传通信以及站控层设备与调度之间的通信，承载智能变电站的主要通信任务。

智能变电站过程层网络主要使用光纤传输采样报文。光纤呈圆柱形，由纤芯（直径为 9~50μm）、包层（直径约 125μm）与涂敷层（直径约 1.5cm）三部分组

[1] 徐普，魏红丽，宫立咏.探析光纤通信技术在智能变电站应用［J］.百科论坛电子杂志，2018（5）：308.

成。纤芯主要成分是高纯度的 SiO_2，并含有少量掺杂剂，目的是提高纤芯的光折射率 n_1；包层也是高纯度的 SiO_2，也含有一些掺杂剂，目的是降低包层的光折射率 n_2；涂敷层采用丙烯酸酯、硅橡胶、尼龙，能增加机械强度和可弯曲性。按传输模式划分，光纤可分为单模光纤和多模光纤。

1. 单模光纤

当光纤的几何尺寸可以和光波长相比拟时，即纤芯的几何尺寸与光信号波长相差不大时（一般为 5~10μm），光纤只允许一种传播模式，其余的高次模全部截止，这样的光纤称为单模光纤。单模光纤只允许一种模式在其中传播，从而避免了模式色散的问题，故单模光纤具有极宽的带宽，适用于大容量的光纤通信。

智能变电站站内通常采用多模光纤进行通信，而变电站之间的纵差光纤通道采用单模光纤进行通信。在智能变电站中，不同类型设备的光纤连接器类型可能不同，常用的光纤连接器一般有以下 4 种类型。

（1）FC 型光纤连接器：圆头螺口式，外部采用金属套加强，紧固方式为螺丝扣。线路保护的纵差通道光纤接口一般为此种类。

（2）SC 型光纤连接器：方头插拔式，外壳呈矩形，紧固方式是采用插拔销闩式，无须旋转。

（3）ST 型光纤连接器：圆头卡口式，常用于光纤配线架，外壳呈圆形，紧固方式为螺丝扣。

（4）LC 型光纤连接器：小型长方头插拔式，连接 SFP 模块的连接器，采用操作方便的模块化插孔闩锁机理制成。

光纤传输时会产生衰减，产生的原因包括本征损耗（即光纤的固有损耗，包括瑞利散射、固有吸收等）、弯曲、挤压、有杂质、光纤材料不均匀、对接不同轴等。

当光信号衰减到一定程度后，会造成信号误码率上升，速度降低，当光信号衰减到无法接收时，通信就会中断。可以用光功率来判断光纤的通信情况。实际调试过程中，可以使用光功率计测量光纤衰耗、光强等指标，也可简单使用激光笔测量光纤通断情况。

2. 多模光纤

多模光纤纤芯的几何尺寸远大于光波波长，一般为 50μm 左右，光信号以多个模式进行传播，其波长以主纵模为准。不同的传播模式具有不同的传播速度和相位，因此经过长距离的传播之后会产生时延，导致光脉冲变宽，即光纤的模式色散或模间色散。由于模式色散影响较严重，降低了多模光纤的传输容量和距离，因此，多模光纤仅用于较小容量、短距离的光纤传输通信。

二、智能变电站采样技术

（一）智能变电站采样模式

1. 常规互感器+合并单元模式

变电站内采用常规互感器采样，增加合并单元，常规互感器与合并单元之间采用一对一电缆连接，合并单元通过 A/D 转换，将模拟量转换为数字量输出，输出协议采用 IEC 61850-9-1、IEC 61850-9-2 或 IEC 61850-9-2LE 等；开关量（如断路器运行状态、保护跳闸等）通过电缆连接至智能终端，智能终端将电气输入转换为 GOOSE 报文，采用数字量与间隔层设备通信。

保护、测控装置等间隔层设备通过接收、解析 SMV 采样协议报文获取电压、电流等采样值，通过 GOOSE 网络实现跳闸；站控层和间隔层采用 IEC 61850MMS 通信协议，间隔层设备之间采用 GOOSE 通信协议。

2. 电子式互感器+合并单元模式

变电站内采用电子式互感器与合并单元实现全数字采样，开关量（如断路器运行状态、保护跳闸等）采用网络方式传输，智能终端就地布置，网络通信采用 IEC 61850 协议；保护装置通过光纤网络与合并单元连接，跳闸通过 GOOSE 实现网络跳闸方式，也可采用“直采直跳”方式；站控层、间隔层和过程层均采用网络传输，按间隔配置交换机。

3. 常规互感器+传统传输方式

变电站站内过程层设备、间隔层设备的配置、设计、应用与常规变电站技术规程一致，采用常规互感器和传统的采样传输、跳闸方式，即保护、测控装置和互感器、断路器之间以电缆相互连接；间隔层和站控层设备之间采用双星形网络和 IEC 61850MMS 协议通信，采用统一建模，实现了数据共享，提高了互操作能力。

（二）智能变电站采样原理

1. 合并单元实现原理

作为电流、电压互感器和保护、测控装置的中间接口，合并单元同步采集多路互感器的电压、电流信息并转成数字信号，经处理后输出发送给二次保护、测控设备。输出的方式有两种：①在 IEC 60044-7/8 中定义的基于曼彻斯特编码的串行通信方式；②在 IEC 61850-9-1/2 中定义的基于以太网通信方式。由于前者传输速率比较慢，限制了采样率，所以目前工程实施中最常见的方式是以太网通信方式。

由于变电站的数字化是逐步实现的，在数字化变电站工程建设中存在传统电磁式互感器和电子式互感器并存的情况，电子式互感器输出的是串行数字信号，而传统电磁型互感器输出的是模拟信号，因此对应出现了两种合并单元，即处理数字信号输入的数字式合并单元和处理模拟信号输入的模拟式合并单元，还有能同时处理这两种信号的混合式合并单元。合并单元的本意是接收并转发非常规（电子式或光学式）互感器输出的数字信号，但现阶段合并单元还需要能接收常规电磁型互感器输出的模拟信号并将其转成数字信号后再转发。

合并单元与电子式互感器的数字输出接口通信具有以下 4 个重要特点：①并发处理的任务多；②高可靠性和强实时性；③通信信息流量大；④通信速率较高。

合并单元一般具有以下 4 个功能模块：

（1）电子式互感器接口。按照 IEC 60044-7/8 对合并单元的定义，需要具有 12 路串行口输入接口，分别接收电子式互感器输出的三相保护电流、三相测量电流、三相电压、中性点电流、中性点电压、母线电压。

（2）采样同步模块。在正确识别外部输入的同步秒脉冲后，产生同步采样信号。同步信号一般采用 GPS 提供的秒脉冲。根据 IEC 60044-7/8，同步采样信号的频率额定标准值有 $200f$、$80f$、$48f$、$20f$、f（对于工频信号，f=50Hz）。

（3）模拟量采集处理模块。模拟 MU 需要采集多路模拟量，并转换为数字量，供 CPU 读取。

（4）采样值合并输出模块。合并单元将多路互感器输出的数字信号汇总并填入到同一数据帧中使其保持同步后，再按规定格式封装，加包头，按标准协议的形式发送出去，数据包帧格式在 IEC 61850-9 中定义。

合并单元的采样频率一般为 24 或 20 的整数倍，常见的有 80 点、96 点、200 点和 196 点。合并单元输出的数据以帧为单位，每帧数据可以包含一个或多个采样点。相同的采样频率下，每帧数据包含的采样点数越多，接收装置 CPU 的负担越轻，但丢失 1 帧报文造成的影响就越大。常见的有 1 点/帧和 5 点/帧。

2. 电子式互感器

电子式互感器输出的采样值通过合并单元进行电压、电流的同步和组合后，输出包含多路电压、电流值、时延等信息的数字报文，传输给保护、测控等间隔层设备。

其中，传感头部件包括串行感应分压器、罗氏线圈、采集器等。传感头部件与电力设备的高压部分等电位，电压和电流模拟量由采集器就地转换成数字信号，采集器与合并单元之间的数字信号传输及激光电源的能量传输全部通过光纤进行。

（三）智能变电站采样协议

1. IEC 60044-8 协议

电子式互感器在设计中并不是为每一相电流或电压单独配数字处理单元，而是将一个间隔内的所有电压和电流量经模拟信号处理后送往同一个装置做统一，在标准中称为合并单元。对于数字输出部分，IEC 60044-8 规定的典型做法是将7个电流和5个电压互感器的二次变换器组成一个合并单元，将所有的测量量转换为数字量串行输出。

数字输出协议推荐采用单相的点对点连接。采用统一处理的方式不但可以减少投资，也可以充分发挥数字电路处理的能力和速度，更为重要的是合并单元可向二次设备提供时间上一致的电压、电流量。MU 能同时处理一个间隔的 12 路电量：测量用三相电流、保护用三相电流、中性点电流、三相电压、中性点电压和母线电压。MU 将 12 路数字输出信号打包成帧，最后传送给二次设备。

2. IEC 61850-9-1 协议

IEC 61850-9-1 是 IEC 组织为兼容 IEC 60044-8 电子式互感器标准的应用层而编写的标准，与 IEC 61850 标准其他部分不协调，由于是点对点传输，应用灵活性差。

IEC 61850-9-1 规定了通过单向多路点对点串行通信链路的采样值传输方式。点对点传输方式的地址域由全部“1”组成的以太网广播地址作为目标地址的缺省值，因此发送侧没有必要进行地址配置。然而作为一个可选性能，目标地址应当是可配置的，例如，通过改变多播传送地址可以借助交换机将合并单元与间隔层设备连接。作为发送方的源地址应使用唯一的以太网地址。点对点传送方式只需考虑传送介质的带宽和接收方 CPU 处理数据的能力，而不用担心数据流量对于其他间隔设备传输的影响，因为它并没有通过网络与其他间隔共享网络带宽。

IEC 61850-9-2 兼容 7-2 的抽象采样值报文格式，但不支持 SVCBDATASET，采样值在报文中的格式参见 IEC 61850-9-1 附录 C。

IEC 61850-9-1 规定使用合并单元（MUD）可将多达 7 个电流互感器和 5 个电压互感器通过组合在一起，合并单元为二次设备提供了一组时间一致的电流和电压数。模型中的模拟量采集器与合并单元之间的接口通信在 IEC 0044-8 标准中定义，并规范了由合并单元提供的数据对象。

在 IEC 61850-9-1 中规定了每个合并单元固定送三相电压电流、中性点电压电流和母线电压，特殊的 ASDU 格式，报文中有采样值和状态值，采样值为定点类型；支持多个 ASDU 串。

IEC 61850-9-1 部分遵循了 IEC 60044-7/8 标准合并单元的设定：输入通道为

12 路，采用专用数集帧格式固定不允许改变，采用广播或组播的方式。

需要说明的是，IEC 61850-9-1 与 IEC 60044-8 两者的报文内容几乎完全相同，区别主要在于两者适用的传输介质不同，IEC 60044-8 报文是基于串口 FT3 帧格式的，而 IEC 61850-9-1 报文是基于以太网 802.3 帧格式。

3. IEC 61850-9-2LE 标准

IEC 61850-9-2 在实际的工程应用中存在问题：配置复杂，工作量大，调试时间长；采样率规格多，不利于设备间的互联通信；不同厂家的采样值数据建模如果不一致，可能存在数据解析错误。IEC 61850-9-2LE 是 IEC 61850-9-2 的简化版，主要包含 5 个方面的内容。

（1）提供了合并单元的 IEC 61850 建模实例，并对合并单元模型中的逻辑设备、逻辑节点、数据集和采样值控制块的内容进行了实例化定义，同时还给出了合并单元的 ICD 配置文件示例，以作为实际应用的参考。

（2）对采样数据帧的格式进行了细化，删除了 SavPDU 中的成员 security，删除了 ASDU 中的成员 datset 数据集名称、refrTm 刷新时间、smpRate 采样率。

（3）采样频率统一为每个周波 80 点和 256 点两种，当采样频率为每个周波 80 点时，采样值报文中每个 APDU 配置 1 个 ASDU；当采样频率为每个周波 256 点时，每个 APDU 将配置 8 个 ASDU。

（4）对合并单元采样同步的实现方式做了补充规范，规定了各种工况下合并单元的行为。因为对实际工程应用进行了明确的定义，IEC 61850-9-2LE 在实际工程应用中的配置和互操作的调试工作量比 IEC 61850-9-2 要大幅减少。

（5）对采样数据模型（公用数据类 SAV 及其成员）中的可选项目进行了统一的规范。

第二节　智能变电站网络采样架构及交换技术

一、智能变电站基本结构

智能变电站自动化系统在逻辑上由“三层”和“两网”构成。“三层”结构即过程层、站控层、间隔层，“两网”即站控层网络、过程层网络。

过程层由电子式互感器、智能断路器、智能终端、合并单元等装置构成。过程层主要完成以下 3 个方面工作：①承担主要电气量的采集工作，包括电流、电压的幅值、相位以及谐波分量等实时采集的任务；②承担包括变压器、断路器、隔离开关、母线、电容器、电抗器等运行设备的温度、压力、密度状态参数等在线监测任务；③完成包括有载调压主变压器（主变）分接头的调整，投切无功补偿装置，拉合断路器、隔离开关，直流蓄电池的充放电等控制命令的执行。

间隔层由保护功能、测量系统、计量系统、故障录波等系统组成，为保证网络通信的可靠性，提高信息通道的冗余度，可采用上下网络接口全双工模式。间隔层主要完成 4 个方面工作：①优化统计运算、数据采集及下发控制命令等功能队列；②承担本间隔实时数据汇总任务；③承担过程层及站控层设备的网络通信功能；④承担本间隔一次设备保护、控制、闭锁、同期等任务。

站控层主要功能是提供站内运行的人机联系界面，形成全站监控中心，并实现与远方调度中心的通信，其主要设备包括主机、监控系统、远动装置、继电保护故障信息系统及网络打印机等。站控层主要完成 4 个方面工作：①实时读取设备数据并将实时信息存入历史数据库中；②将实时信息传送至调控中心主站；③接收调控中心主站命令并执行；④具备基本办公功能。

二、组网方式

（一）过程层网络

智能变电站三层网络结构中，过程层网络是最直接与一次设备连接的最底层，它的运行稳定性直接关系到全站的安全稳定运行。[1]由此可见，过程层网络是连接间隔层设备和过程层设备、间隔层内的不同设备以及过程层内不同设备的网络，并实现间隔层和过程层之间、间隔层内以及过程层内不同设备之间的信息交互。

过程层网络包括 SV 网和 GOOSE 网。SV 网用于间隔层和过程层设备之间的采样值传输，保护装置与本间隔的合并单元之间也采用点对点的方式接入 SV 数据，也就是“直采直跳”。GOOSE 网用于间隔层和过程层设备之间的状态与控制数据交换。GOOSE 网一般按电压等级配置，220kV 以上电压等级采用双网，保护装置与本间隔的智能终端之间采用 GOOSE 点对点通信方式。

1. 网采网跳

与“直采直跳”方式相对应的，是过程层采样和跳闸信息完全通过由交换机构成的网络进行传输的方式。

（1）站控层网络。站控层网络主要传输 MMS 报文，采用双重化以太网络。站控层网络采用双星形网络拓扑结构，网络层次不超过二级级联，双网双工方式

[1] 王芝茗，张延鹏，赵志刚.智能变电站过程层网络技术的研究与应用［J］.电气自动化，2013，35（6）：57.

运行，提高网络冗余度，能实现网无缝切换。应根据流量和传输路径分若干个逻辑子网，保证网络的实时性和可靠性。

（2）过程层网络。过程层网络主要传输 GOOSE 报文和 SV 报文，采用双重化以太网络，GOOSE 报文和 SV 报文传输采用网络传输模式，网络拓扑结构采用双星形结构，网络层次不超过二级级联。GOOSE 和 SV 各自组网，且 GOOSE 和 SV 均采用冗余架构，各自分为 A、B 双网设备双重化配置时，双重化配置的每个设备应各配置两组 GOOSE 组网口与 SV 网口，分别接入对应 GOOSE 网与 SV 网的 A、B 网；设备单套配置时，设备应配 GOOSE 组网口与 SV 组网口，分别接入 GOOSE 网与 SV 网的 A、B 网。

单、双配置的智能终端均能实现 A、B 网的遥控功能。母线合并单元可通过 IEC 61850-9-2 协议直接接入 SV 网络，也可通过 FT3 协议或 IEC 61850-9-2 协议传输至间隔合并单元，经延时补偿后由间隔合并单元接入 SV 网络组网实现。"三层三网双冗余"网络采样变电站组网实现方式与"三层三网单冗余"架构实现方式基本相同，区别在于 GOOSE 报文与 SV 报文分别组网传输，不再合并传输。

"三层三网双冗余"网络采样变电站结构缜密，过程层网络具有多重保障，GOOSE 与 SV 分别组成双网，GOOSE 与 SV 报文之间互不干扰，网络流量可以很好地控制。但是这样的组网方式对设备的要求较高，每个设备需要提供多个组网口；GOOSE、SV 分别组成双网，使过程层交机的数量也成倍增加，提高了变电站建设的成本。同时，配置的复杂性也给现场施工及工程配置带来不便，增加了这些环节出现错误的风险。

（3）SV、GOOSE 共网。组网方式如下：过程层网络主要传输 GOOSE 报文和 SV 报文，采用双重化以太网络结构。GOOSE 报文和 SV 报文传输采用网络传输模式，网络拓扑结构采用双星形结构，网络层次不超过二级级联，GOOSE 和 SV 合并组成 A、B 双网，且 GOOSE 和 SV 采用共网共口方式传输。设备双重化配置时，双重化配置的每个设备配置一个 GOOSE、SV 组网口，分别接入对应的过程层网络 A、B 网：设备单套配置时，设备配置两个 GOOSE、SV 组网口，分别接入过程层网络 A、B 网。

单、双套配置的智能终端均能实现 A、B 网的遥控功能。母线合并单元可通过 IEC 61850-9-2 协议直接接入过程层网络，也可通过 FT3 协议或 IEC 61850-9-2 协议传输至间隔合并单元，经延时补偿后由间隔合并单元接入过程层网络，由于后者把电压和电流之间的同步问题在合并单元处解决，不需要接收设备再进行电压、电流的同步处理，因此得到广泛应用。

2. 直采直跳

智能变电站中，直采直跳也称点对点模式，直采就是智能电子设备不经过以太网交换机而以点对点光纤直连方式进行数字化采样传输；直跳是指智能电子设备间不经过以太网交换机而以点对点光纤直连方式并用 GOOSE 进行跳合闸信号的传输。智能化保护装置要能正常工作，一个先决条件是采样值传送延时可知（这样才可以做采样同步）或采样数据本身已同步。当前所有的网采方案都依赖于外部时钟系统做采样同步，因为交换机本身采样延时不稳定、无法测量。若要保护不依赖于外部对时系统，当前的办法只有直采。直采不依赖于交换机，采样值传输延时稳定，其值可以事先测好作为已知量。

为提高保护的可靠性，国家电网公司相关规范中要求同间隔继电保护装置采样与跳闸方式采用直采直跳方式。SMV 网的点对点方案是保护与合并单元之间没有交换机，合并单元出多个通信网口（多达 8 个），各口分别通过光缆直连到所需要的保护/测控装置。

GOOSE 与此类似，智能终端出多个通信网口（多达 10 个），各口分别通过光缆直连到所需要的保护/测控装置。

IEEE 1588：相对谨慎地推荐应用，也可用光脉冲或 B 码通信，需要几十根专用光缆。

（二）站控层网络

站控层网络设备包括站控层中心交换机和间隔交换机。站控层中心交换机连接数据通信网关机、监控主机、综合应用服务器、数据服务器等设备间隔交换机链接间隔内的保护、测控和其他智能电子设备。间隔交换机与中心交换机通过光纤连成同一物理网络。站控层和间隔层之间的网络通信协议采用 MMS，故也称为 MMS 网。网络可通过划分 VLAN（虚拟局域网）分割成不同的逻辑网段，也就是不同的通道。

站控层网络是连接变电站层设备和间隔层设备、变电站层内的不同设备以及间隔层内不同设备的网络，并实现变电站层和间隔层之间、变电站层内以及间隔层内不同设备之间的信息交互。

站控层网络宜采用双重化星形以太网络，站控层设备通过两个独立的以太网控制器接入双重化站控层网络。

站控层交换机采用 100M 电（光）口，站控层交换机与间隔层交换机之间的级联端口宜采用光口（站控层交换机与间隔层交换机同一室内布置时，可采用电口）。站控层交换机宜采用 24 口交换机。

（三）对时系统

智能站自动化系统中另一个重要的组成部分就是对时系统。对时系统由主时钟、时钟扩展装置、对时网络组成。主时钟采用双重化配置，支持北斗导航系统（BD）、GPS 系统、地面授时信号，其中优先采用北斗导航系统。站控层设备对时宜采用 SNTP 方式；间隔层设备对时宜采用 IRIG-B、1PPS 方式；过程层设备同步。当 SV 报文传输采用组网方式时，合并单元采样值同步宜采用 IRIG-B、1PPS 方式（条件具备时可采用 IEC 1588 网络对时）。合并单元集中布置于二次设备室或下放布置于户内配电装置场地时，时钟输入宜采用电信号；合并单元下放布置于户外配电装置场地时，时钟输入宜采用光信号。采样的同步误差应不大于±1μs。

三、网络采样交换技术

智能变电站中，过程层交换机是网络核心设备，其性能的好坏直接影响到变电站自动化系统功能的实现，从而直接影响到变电站的安全。

（一）VLAN 技术

过程层通信对实时性和可靠性要求非常高，由于所有的合并单元、智能终端、保护测控设备都连接在过程层网络上，数据量非常大，尤其是来自合并单元的 SMV 报文，大量数据的传输会占用较大的网络带宽，增大网络延时，造成网络拥堵，从而导致采样失步、跳闸报文延时增大，甚至造成网络报文丢失，使网络性能大大降低。使用 VLAN 技术，可以降低过程层网络区域负载，并通过 VLAN 隔离不相干设备，从而避免上述现象发生。

VLAN 的汇聚链接指的是能够转发多个不同 VLAN 的通信的端口。汇聚链路上流通的数据帧都被附加了用于识别分属于哪个 VLAN 的特殊信息。用户只需要简单地将交换机间互联的端口设定为汇聚链接就可以了。

汇聚链接过程如下：A 发送的数据帧从交换机 1 经过汇聚链路到达交换机 2 时，在数据帧上附加了表示属于红色 VLAN 的标记。交换机 2 收到数据帧后，经过检查 VLAN 标识发现这个数据帧是属于红色 VLAN 的，因此去除标记后根据需要将复原的数据帧只转发给其他属于红色 VLAN 的端口。这时的转送是指经过确认目标 MAC 地址并与 MAC 地址列表比对后只转发给目标 MAC 地址所连的端口。

只有当数据帧是一个广播帧、多播帧或是目标不明的帧时，它才会被转发到所有属于红色 VLAN 的端口。蓝色 VLAN 发送数据帧时的情形也与此相同，通过汇聚链路时附加的 VLAN 识别信息，有可能支持标准的 IEEE 802.1Q 协议。如果交换机支持这些规格，那么用户就能够高效率地构筑横跨多台交换机的 VLAN。

另外，汇聚链路上流通着多个 VLAN 的数据，自然负载较重。因此，在设定汇聚链接时，有一个前提就是必须支持 100Mb/s 以上的传输速度。

默认条件下，汇聚链接会转发交换机上存在的所有 VLAN 的数据。换一个角度看，可以认为汇聚链接（端口）同时属于交换机上所有的 VLAN。由于实际应用中很可能并不需要转发所有 VLAN 的数据，因此为了减轻交换机的负载，也为了减少对带宽的浪费，可以通过用户设定限制能够经由汇聚链路互联的 VLAN。

（二）组播技术

交换机对组播进行管理和过滤的通用方法有 VLAN、GMRP、IGMPSnooping、CGMP 等。由于 GOOSE 报文和 SV 报文不属于 IP 组播，只是二层的 MAC 组播，因此 IGMPSnooping 和 CGMP 不是特别适用。所以，目前在变电站内用于管理和过滤组播的主要有以下两种方式。

1. 采用 GMRP 动态组播过滤

动态组播过滤本质上都是通过某种方法来构建二层的多播树，并减少网络上不必要的数据传输。GMRP 的提出一方面是源于局域网上多播通信快速增长的需要，另一方面也是交换式以太网普遍采用提出的要求（在共享式以太网中不存在多播通信消耗大量带宽的情况）。GMRP 是纯二层的协议，GMRP 的操作基于 GARP 提供的服务。GARP 注册协议也同时被 VLAN 采用来注册各个工作站的 VLAN 属性。

GARP 组播注册协议（GMRP）主要提供一种类似于 IGMP 探查技术的受限组播扩散功能。GMRP 允许各种智能装置向连接到相同局域网段的以太网交换机动态注册组成员信息，并且这些信息可以被传播到支持扩展过滤服务的局域网中的所有交换机。当某台装置想加入一个组播组时，它需要发送一个 GMRPJoin-in 报文。

一旦收到 GMRPJoin-in 报文，交换机就会将收到该信息的端口加入适当的组播组。当组播源发送组播报文时，交换机只将组播报文通过先前加入该组播组的端口发送出去。

此外，交换机会周期性发送 GMRP 查询（Leave-all 报文），如果装置想留在组播组中，它就会响应 GMRP 查询（发送 Join-in 报文），在这种情况下，交换机没有任何操作；如果装置不想留在组播组中，它既可以发送一个 Leave 报文，也可以不响应周期性的 GMRP 查询。

一旦交换机在退出组播组计时器设定的时间内收到某台装置的 Leave 报文或没有收到响应报文，它便从组播组中删除该装置。组播源无须支持 GMRP。

所以，合并单元不一定需要支持 GMRP，它发出采样值数据以后，如果交换机的全局 GMRP 设置未打开，交换机像处理广播一样把组播数据在同一个 VLAN 里面广播出去；如果全局 GMRP 设置打开，而某个端口的 GMRP 功能 Disable 的话，网络上的所有组播将从这个端口全部发送，不需在接收装置支持 GMRP，这比较适用于不支持 GMRP 功能的录波器或网络分析仪；如果全局 GMRP 设置打开，端口的 GMRP 功能 Enable 的话，则只有当装置发送 Join-in 报文加入该采样值所指定的组播组，该装置才能收到采样值数据。一个端口（或一台装置）可以通过 Join-in 报文加入多个组播组，可以满足像母差保护那样的装置对多个间隔的合并单元的 SV 数据的需要。

GMRP 的实现基于 GARP 工作机制，用于维护交换机中的动态多播注册信息。所有支持 GMRP 特性的交换机都能够接收来自其他交换机的多播注册信息，并动态更新本地的多播注册信息，同时也能将本地的多播注册信息向其他交换机传播，以便使同一交换网内所有支持 GMRP 特性的设备的多播信息达成一致。交换机在某一端口监听到对某一多播组的声明时，它在该端口为该多播组添加一个注册信息。当声明某一多播组服务的所有设备都离开后，交换机将向其他交换机注销掉对该多播组的声明。交换机会把一个端口的注册信息向其他端口广播，同时多播注册信息将沿生成树进行广播。

2. 以太网帧与组播

以太网的帧是数据链路层的封装，网络层的数据包被加上帧头和帧尾成为可以被数据链路层识别的数据帧（成帧）。虽然帧头和帧尾所用的字节数是固定不变的，如果不算 8 字节的前导字，依被封装的数据包大小的不同，以太网帧的长度不是固定不变的，其范围为 64~1522 个字节（含 4 字节 802.1Q 标签）。紧随 8 个前导字节的第一个字段是以太网帧的目的地址，按接收的站点不同可分为单播地址、组播地址和广播地址。

如果单播报文，即目的地址是网络上指定的一个站点。目的地址就是该站点以太网接口 48 位的硬件地址或物理地址，称为介质访问控制（MAC）地址。它包括两个部分，前面三个字节是由 IEEE 提供的“组织唯一标识符”（OUI），每个生产网络接口的公司和组织都应拥有一个唯一的 24 位标识符。后面三个字节是该生产厂家为每个以太网接口分配的地址。

如果接收以太网帧的站点有多个，可以把该帧发往一个组播地址，在该组中所有的站点都将接收到该以太网帧。从目的 MAC 地址的第一位可以区别物理地址和组播地址。

如果第一位是 0，则地址是某个接口的物理地址，也就是单播地址，因为发给这个地址的数据帧只会到达一个目的地。如果目的地址的第一位是 1，则帧被送往一个多播地址。广播地址是 0xFFFFFFFFFFFF。如果目的地址是广播地址，则该以太网帧将被传输到整个广播域。如果交换机不划分 VLAN，则传输到所有的端口；如果划分 VLAN，则传输到指定 VLAN 的所有端口。VLAN 并不是专门用于解决组播通信的办法。

在变电站网络设计时，可以将 GOOSE 报文组成一个 VLAN，而每路采样值设置一个 VLAN。需要注意的是，当网络上引入 VLAN 以后，网络上的数据报文必须属于某一个 VLAN，VLAN 与 VLAN 之间除非采用路由器或三层交换机才能进行通信，否则一个 VLAN 的数据报文不能传到另一个 VLAN。由于不同 VLAN 之间的通信必须通过路由器转发，当不同 VLAN 之间的通信流量较大时，路由器就会成为控制网络中的通信瓶颈。

（三）QoS 技术

服务质量（Quality of Service，QoS）是网络的一种安全机制，通过 QoS 可以给那些对带宽、时延、时延抖动、丢包率等敏感的业务流提供更加优先的服务等级，使业务能满足用户正常、高性能使用的需求。

QoS 可实现的主要功能包括流量监管（对进入接口的、超出限制速率的报文进行丢弃）、流量整形（对接口发送的、超出限制速率的报文先进行缓存，等待流量不超出速率时发送）、拥塞避免（在出现网络拥塞时对符合条件的报文进行丢弃）、拥塞管理（在出现网络拥塞时采用队列调度的方法对符合条件的队列中的报文优先发送）、流策略（可根据不同的流分类实现诸如禁止/允许通过、重标记报文优先级、重标记报文 VLAN 标签、重定向流量、过滤报文、流量镜像、启用流量统计功能等行为）。

在 QoS 的分类流程中最关键的是对各种不同业务流配置不同的优先级，对流入设备的业务流按其优先级进行分类，然后为不同类型业务流定义一个相应的流行为，设备就会为对应的业务流执行相应的 QoS 行为。

优先级映射用来实现报文携带的 QoS 优先级与设备内部优先级（又称为本地优先级，是设备为报文分配的具有本地意义的优先级）之间的转换，从而使设备根据内部优先级为不同报文提供有差别的 QoS 服务质量。不同 S 系列交换机所支持的优先级信任模式和优先级映射模式都有所不同。

不同网络中的报文使用不同类型的 QoS 优先级字段，例如 VLAN 网络中的报文使用 802.1p 优先级，IP 网络中的报文使用 IP 优先级或 DSCP 优先级。当报文经过不同网络时，为了保持报文的优先级，需要在连接不同网络的设备上配置这些优先级字段的映射关系。当设备连接不同网络时，所有进入设备的报文优先级（包括 802.1p 和 DSCP，统称为“外部优先级”）字段根据所配置优先级映射表都被转换为交换机端口的内部优先级；当设备发出报文时，又需要根据优先级映射表将报文中携带的内部优先级恢复为原来的对应外部优先级。

1. 优先级映射模式

为了保证不同报文的服务质量，对于进入设备的报文，设备可以根据配置将报文携带的优先级映射为内部优先级，并根据内部优先级与队列之间的映射关系确定报文进入的队列，从而针对队列进行流量整形、拥塞避免、队列调度等处理；报文从设备发送出去时，设备可以根据配置修改报文发送出去时所携带的优先级，以便其他设备根据报文的优先级提供相应的 QoS 服务。配置优先级映射模式可以确定报文优先级与内部优先级的映射关系，以便设备在后续转发中根据内部优先级提供有差别的 QoS 服务。

2. 优先级信任模式

配置优先级信任模式可以确定设备根据哪种优先级进行映射。优先级信任模式分为以下 3 种。

（1）信任报文的 DSCP 优先级。配置信任 DSCP 优先级时，设备根据报文的 DSCP 优先级对报文进行分类并进行后续的优先级映射，得到报文映射后的 802.1p 优先级，或 DSCP 优先级，或丢弃优先级（只有支持 DSCP 优先级的 IP 报文才可映射丢弃优先级，因为只有这类报文才有这样的数据位）。

（2）信任报文的 IP 优先级。配置交换机端口信任 IP 优先级，此时将按照报文中所携带的 IP 优先级查找对应的 IP 优先级映射表，得到报文映射后的 802.1p 优先级或 IP 优先级。

（3）信任报文的 802.1p 优先级。配置信任 802.1p 优先级时，设备根据报文的 802.1p 优先级对报文进行分类并进行后续的优先级映射，得到报文映射后的 802.1p 优先级、IP 优先级或 DSCP 优先级。缺省情况下，端口信任报文的 802.1p 优先级。

在报文进入设备端口之后，如果报文携带了 VLAN 标签，则可以选择信任 802.1p 优先级；如果报文没有携带 VLAN 标签，则报文或根据端口缺省的 802.1p 优先级进行转发，该端口优先级即报文转发时进入的端口队列号。在三层转发时，可以选择信任 DSCP 优先级。

第三节 智能变电站智能采样关键技术与测试

一、智能变电站智能采样关键技术

（一）授时系统与采样同步

1. 合并单元数据同步

智能变电站的发展推动了设备向集成和整合的思路发展。[1]在智能变电站中，多个合成装置的同步运行，可以防止在相位、振幅上出现错误，并确保各类合成装置收集到的资料是在相同的时刻进行取样得到。当前，较为普遍的同步模式是：通过变电站的 GPS 组件或者高精密时钟，将同步的秒脉冲信号（Synchronous Signal）传输到每个合成装置中，合成装置通过对秒脉冲分频得到所需的信号，并且为了保证二者取样一致，每个合成装置都会将该信号与 GPS 输出的秒脉冲信号进行同步操作，实现合并单元数据同步。

2. 电子式互感器的同步

（1）围绕多区间的同步性进行相关分析。变电站中的部分设备，对多个间隔的电压与电流数据提出了明确要求。其中，最常见的集中式保护装置、平行双回线横联差动保护装置、集中式小电流接地选线装置、主设备纵联差动保护装置、AVQC 装置等的相关间隔合并单元送出的测量数据都应该保持同步。

（2）在相同的时间区段内，电子式互感器可以实现电压与电流的同步。该区间内的功率因数、线路电压、电流电压相位和节点电压在同步的过程中，全部依赖区间内数据的同步测定和运算。每个间隔最多包含 12 条通道，这些通道数据通过合成装置进行加工后输出，输出的通道数据必须保证运算同步。

（3）大范围的实时处理。配置大型网络的电力设备，要求在整个系统中实现数据的相位同步，而随着电力设备的广泛应用，必将导致系统信号采集不一致的现象产生。

（4）并网子站间的数据同步化。在以纵向差数据为代表的电力系统中，由于相关操作对电力系统的要求较高，使得系统中的数据同步问题难以推广到多个分站间。

[1] 倪益民，杨松，樊陈，等.智能变电站合并单元智能终端集成技术探讨［J］.电力系统自动化，2014（12）：95.

目前，针对电子型变压器进行信号同步的方式主要包括两种：一种是脉冲同步法；另一种是内插法。脉冲同步法能够有效地解决同间隔内各路测量数据之间的同步采样问题，以及各关联合并单元之间的数据同步、变电站之间的数据同步、广域网内部的数据同步采样问题，这就要求扩大统一参考同步信号的范围，并借助 GPS、北斗卫星等实现数据的同步传输。该技术应用于并联装置时，需要向高压设备提供采样启动信号，在无形之中增加了工程实施的难度。当 GPS 脉冲完成后，数据的同步精度可以达到非常高的 ns 量级。采用内插法进行数据同步时，虽然存在着秒量级偏差，但是仍然可以达到保护与检测的精度要求。目前，通常使用内插法进行二次采样，然而，此种方式对数据的采样速率和设备的软硬件要求较高，实施难度较大。

采用内插法时，混合器只从观测部件单向地收到设备回传的采样数据，然后通过数字内插获得同步观测数据。虽然算法的同步性效果较好，但是出现失误的情况不可避免。不同的内插法在精度、可靠性、计算量和适用场合等方面存在明显的差异。为了得到最好的内插结果，需要量化计算不同内插法的应用实效。

（二）重采样技术与网络延迟补偿

1. 重采样技术

在数字化变电站中，数据采集单元和保护测控装置分属两个不同的层级，在过程层级采集数据，然后将数据输送到间隔层，保护及测控装置从过程层级网络获取样本值，从而完成保护功能。这对过程层级信号的幅度、相位精度提出了更高的要求，以此满足空间设备对过程层级信号传输的需求。

本书提出将内插法作为数据处理的有效方法，以期借助内插法处理重采样过程中产生的新数据。内插法也称为插值算法，是一种最简便的近似方法，可以根据特定点上的特定值估计其他特定点上的特定值。

插值算法就是根据一组已知的离散数据，按照某种数学关系推求其他未知点和未知区域的数据的过程。数学中各式各样的插值算法很多，主要包括拉格朗日插值算法和牛顿插值算法等，各种插值算法均有误差，牛顿算法的精确度比拉格朗日算法高。

在实际应用中，低次插值多项式是经常用到的，其中一次插值多项式就是线性插值多项式，而二次插值多项式的图形是抛物线，因此二次插值也称为抛物线插值法。对于重采样算法，通常使用二次插值法，即根据前两次采样点的数值、本次采样点的数值和适当的修正系数，重新修正本次采样点的数值，以消除相位偏移的影响。

重采样相位移位技术是应用于智能变电站的技术，当前通常采用一周 80 个点位的采样频率，采样间隔为250μs。在过程设备中，CPU不仅承担着采集数据的工作，而且承担着其他工作，如信号采集、继电器驱动等。由于重采样技术对实时性有较高的要求，因此采用简单、耗时较少的重采样算法极为必要。在对智能装置进行重采样时，由于各信道的采样延迟可以被设定，采样坐标相对固定，导致各条信道的校正因子处于固定状态。在编程初始化时期，可以直接对各条信道进行校正因子的运算，不必在重采样时再进行校正因子的运算，可以节约较多的运算时间。

由于在重采样的运算过程中需要使用此前的采样数值，因此对于重采样运算，需要将此前采样得到的原始数值保存起来，使得IED设备无法进行重采样。

针对具有10个采样通道的IED设备进行了使用重采样算法和不使用重采样算法的对比测试，发现使用重采样移相技术可以实现对相位误差的修正，修正结果可以保证基波相位偏差在10′以内，3次谐波的相位偏差在2°以内。同时，重采样算法对采样值的影响也在要求的精确度范围内，重采样后基波的误差在0.2%以内，3次谐波的误差也在0.2%以内，满足数字化变电站对采样值的要求。

2. 网络延迟补偿

额定延迟时间是指在互感器或合并单元中由于进行模数转换和数据处理而导致的延迟时间的额定值，单位是μs（微秒）。如果1个数据帧开始发送的时刻为T_c，这帧数据中的电流电压数值在一次侧出现的时刻为T_p，则延迟时间为T_c-T_p。

（三）网络广播风暴

1. 广播风暴产生原因

在局域网（Broadcast Domain）中，将一组数据发送给局域网中的任意节点，该节点会因为网络的拓扑结构、连通等因素而发生大规模复制，从而造成结构数据的扩散，以及整个网络的性能恶化甚至系统崩溃，即由Broadcast变为Broker cast。其中，“广播风暴”是最普遍的数据泛滥形式，具有“滚雪球”的特点。

“广播风暴”一旦出现，将在整个互联网上不断地蔓延、繁衍。由于广播分组的数量太多，占用网络带宽和资源的份额太大，因此普通分组数据不能在网络中进行有效传输。这种情况下，网络终端处理器负载过大，可能会对系统本身造成损害。基于此，每秒数以万计的数据包会导致网卡的工作变得非常忙碌，超过了处理器的负载，导致设备系统反应变得缓慢，网络通信被阻塞，从而对网络的正常运转构成极大的威胁，严重影响整个以太网的通信能力，甚至可能导致整个网络的瘫痪。造成“广播风暴”产生的因素主要表现在以下5个方面。

（1）破坏网卡或者网关端口。当网络设备的网卡或者网关端口被破坏时，已经损毁的设备接口会不断地将许多报文传送到各个开关，从而生成各种各样毫无意义的报文，造成“广播风暴”的产生。在实践中，初期局域网的缓慢发展逐渐演变为网络整体的缓慢发展，出现此种现象的原因，可能是连接到网络的设备开关端口发生了问题。如果交换机端口的传输速率很慢，最终将导致整个交换机的工作效能都下降，这是由于电脑网卡发生损坏，导致“广播风暴”数据的持续产生与传输。此外，由于交换机端口出现问题，导致“广播风暴”数据发生堵塞，信号不能及时发出。

（2）网络装置的过度使用。由于网关本身具备存储器的特性，在数据传输过程中，网络装置通常以点对点的方式传递消息，一般不会出现“广播风暴”现象。但是，也有部分特殊情况，由于各种原因，使用者可能将枢纽视为网关，从而引发“广播风暴”。

（3）网络回路（Network Cycle）。通常情况下，物理网线的一端需要连接到网络装置上形成网络回路。所以，在设计复杂电路时，必须有明确的拓扑结构图。

（4）不利的气候条件。例如，不合时宜的温度、湿度、振动以及电磁干扰等，特别是在电磁干扰较为严重的环境下，极有可能导致网络不稳定以及网络数据传输错误，引发“广播风暴”。

（5）ie 病毒。当网卡的收发数据量急剧增长时，极有可能是网卡装在了被病毒感染的电脑上。ie 病毒可以借助 TP、MAC 等信息进行欺诈，将有害信息传递给 LAN，导致病毒广泛扩散，使得带宽受损、资源被占、数据传输发生阻塞，从而形成“广播风暴”这一混乱局面。

在智能变电站中，站内 GOOSE 网络和 SV 网络都由各个交换机连接而成，在正常的工作状态下，每个组网的交换机都通过链路进行信息交换。在进行部分间隔维修时，由于网卡上面有很多接口，一旦这些接口出现连接问题，将引发网络重复连接，这时，网络中正在传输的数据信息将在开关中形成传递回路，使得信息传递局限在网关的狭小空间中，从而引发“广播风暴”。此外，由于网络设备出现问题，或者交换机的内部芯片出现问题，也会产生“广播风暴”。复制报文在网络中迅速扩散，是网络“广播风暴”的主要特征。

2. 网络广播风暴抑制

智能变电站网络广播风暴抑制技术是目前的研究重点。网络广播风暴的抑制应该从事先预防和事后防御综合防护。

（1）基于网络广播风暴产生的原因，除应按照设计规范设计智能变电站通信网络架构外，在调试、检修过程中，应该严格按照操作规范执行，避免光纤、网线的插拔造成网络拓扑改变，从而增加发生网络广播风暴的风险。

（2）应选用经过权威测试机构认证的具备网络广播风暴抑制能力的交换机

等网络产品。交换机抑制网络广播风暴采用的技术有多种，比如基于端口限速的机制，保护正常网络业务的转发而不至于受到广播或者组播业务的影响。该特性通过监控端口流入方向的数据报文类型，如果数据报文的速率超过了软件设定的最大值，报文将会被丢弃或者端口的流控机制被激活。

另外，智能电子设备如保护、测控等装置必须具备抵御网络广播风暴的能力，装置软件实现应该能够检测和区分网络风暴是否发生。如发生网络广播风暴，对于非业务报文，应该在硬件层将其过滤，使之不影响装置自身功能；如果是业务报文造成网络广播风暴，也应该基于通信报文正常运行机理，丢弃不合理报文。

二、智能变电站网络采样关键测试

（一）网络采样相关测试设备

1. 数字式继电保护测试仪

（1）技术特点。

① 24 路（12 路电压、12 路电流或者 18 路电流、6 路电压）输出，灵活组织，全部 24 路可同时输出、任意调节。

② 完整解析保护模型文件，实现电流电压通道选择、比例系数、ASDU 数目、采样率、GOOSE 信息等的配置，可灵活方便地与各种型号保护接口连接。

③ 24 路输出波形回采和录波，直观显示输出电压、电流波形，解决了数字式保护无法直接测量和显示波形的问题。

④ 双操作模式，既可单机操作，也可连电脑操作，两种方式功能完全一致。

⑤ 无极性全能型开关量输入，可识别空接点和任意极性电位接点。

⑥ 10 路无极性开入，4 路空接点开出，方便进行备用自投、快切试验。

⑦ 功能强大，可完成测试差动、备用自投、快切、同期、谐波、故障回放、功率振荡等；12 相电流可方便进行三相差动保护测试；24 相输出可用于备用自投测试。

⑧ 内置 GPS 模块直接控制，可双侧对时同步测试，进行光纤纵联保护等试验。

⑨ 与传统继电保护仪相同风格的测试界面和操作习惯，消除了两代继电保护仪的差距，便于试验人员快速上手。

（2）功能。

① 可对符合 IEC 61850 标准规范的各种数字化测控和保护单元进行检定。

② 可模拟单相至三相的瞬时性、永久性、转换性故障，进行整组试验。

③ 12 相电流可方便进行三相差动保护测试，24 相输出可用于备用自投测试。

④ 可完成各种自动化程度高的大型复杂校验工作：能自动测试及扫描各种保护定值，进行故障回放，测试备用自投、快切、系统振荡等，实时存储测试数据，显示矢量图，联机打印报告等。

2. 合并单元测试仪

合并单元测试仪主要功能和特性包括以下 15 条。

（1）合并单元测试功能。测试合并单元比差、报文固定延时。

（2）自带功放输出。6 路电压、6 路电流可以同时输出，任意调节，灵活组织。

（3）波形显示与录波。直观显示、记录装置输出和合并单元输出的电压、电流波形并检测报文的一致性和误码率。

（4）网络报文时间特性测试。装置可测试合并单元输出报文计数器为 0 的报文与秒脉冲的延时，可测试报文的时间间隔。

（5）暂态功能测试。装置可测试合并单元暂态响应以及延时时间。

（6）守时功能测试。装置能够长期跟踪并测试合并单元丢失秒脉冲产生的报文时间漂移，并监视同步位的变化。

（7）双 AD 测试。比较双 AD 的差异。

（8）对时功能。对时方式可采用光秒脉冲、光 B 码或 IEEE 1588。

（9）授时功能。内置 GPS 模块也可输出 2 路光秒脉冲、光 B 码。

（10）自动测试。可以在实验前设置各个校验点，装置自动进行升压升流，并在相应的校验点进行试验，保存试验结果，实现一键式操作。

（11）网络侦测。装置具有网络侦测功能，能够自动读取模型文件实现通道的自动配置。

（12）完整解析保护模型文件，实现电流电压通道选择、比例系数、ASDU 数目、采样率、GOOSE 信息等的配置，可灵活方便地与各种型号保护接口连接。

（13）无极性全能型开关量输入，可识别空接点和任意极性电位接点。

（14）8 路无极性开入，4 路快速空接点开出。

（15）可实现波形文件回放。

3. 时间精确度测试仪

ePT-100 时间精确度测试仪是一款携带式测试分析仪和时钟信号源，其功能主要是用来获取、存储、分析以及模拟智能电网精确时间信息及其同步时钟信号源的精确度测试，同时用来测试和分析 PTP/NTP、IRIG-B、PPS、10kHz、脉冲宽度、SOE 信号、空节点信号，并提供标准 IEEE 1588、PPS、IRIGB 标准时钟信号输出。

此外，ePT-100 作为世界上第一款具有 PTP 精密时钟信号及 IEC 618509-1/9-2、IEC 61850GOOSE 信号源输出的设备，同时可以在提供 IEC 618509-1/9-2、IEC 61850GOOSE 信号源输出的基础上，进行 IEC 618509-1/9-2、GOOSE 精确时间测试和分析，以及开关动作时间测试。

ePT-100 测试仪可支持高精确度的测量基准时钟，它可以通过 GPS 或北斗等绝对时钟系统进行同步。基准时钟也能通过外部接口与外部 GPS 或 IRIG-B 时间同步。这一设计能使 ePT-100 测试仪用来测试绝对时间或相对时间。ePT-100 测试仪能够用来监测、捕获、存储、分析时钟信息。这些时钟信息包括 PTP 报文信息、NTP 报文信息、IRIG-B-DC、IRIG-B-AC 以及串行（EIA-232 或 EIA-422）时钟信息。ePT-100 测试仪能够监测、捕获、存储、分析时钟脉冲。可以测试多路 PPS、PPM，并能根据高精确度的基准时钟测量输入误差。在实验室研发和现场测试期间，当出现同步化问题时，直接观察波形信号通常是发现问题和解决问题的最佳与最快捷的方法。

ePT-100 测试仪提供专为这一目的而设计的示波器功能。所有的输入和输出信号均可以通过触摸式彩色显示屏查看浏览。同步化过程通常需要花费一段时间才可以锁定状态。在这个时间段内，会产生一定量消息交换并进行调整。为了帮助观察整个过程，在 ePT-100 测试仪的测试期间采集的所有数据都可以存入 U 盘并重新回放。同样，当处于示波器模式时，ePT-100 测试仪可将采样数据逐帧存入 U 盘。回放时，可以调出存储的每帧数据并加以审核，以分析潜在的问题。

4. 电子式互感器测试仪

（1）技术特点。

① 可对传统互感器的模拟输出进行校验。

② 可对电子式互感器的模拟/数字输出校验，其中数字输出包括光信号和电信号。

③ 被校模拟试验可以自动进行量程切换，减小用户工作量。

④ 可对满足 IEC 61850-9-1/2、IEC 60044-7/8、FT3 数据格式的电子式互感器进行校验。

⑤ 采用 DSP、FPGA 和高速工控机，保障采样及数据处理的及时准确，具有很好的测量精确度。标准通道关键模块精确度高，可靠性好。

⑥ 可以根据校验环境选择同步时钟输出或者输入，灵活配置。

⑦ 内置高性能工控机，Windows 操作系统，操作简单，检验结果可以保存为 Word 或者 Excel 格式。

（2）功能与用途。

① 电子互感器模拟输出比差、角差校验。

② 传统互感器比差、角差校验。

③ 电子互感器数字输出光网络信号、电网络信号、FT3 信号比差和角差校验。

④ 电子互感器数字输出 IEC 61850-9-1/9-2 数字帧结构校验。

⑤ 输出同步秒脉冲光、电信号。

⑥ 接收现场 GPS 秒脉冲、B 码秒脉冲。

⑦ 显示标准信号、被校信号及差值信号曲线。

网络性能测试是对智能变电站的网络系统进行功能和性能测试，检验智能变电站网络交换机的功能和性能是否满足需求，验证整站运行后的网络流量是否正常，保证变电站升级可能需要的性能和功能冗余。

（二）网络性能测试

1. 交换机性能测试

按照智能变电站实际网络拓扑，搭建网络测试环境，对智能变电站过程层网络（SV 网、GOOSE 网）交换机进行测试，分别发送极限流量和常规流量，测试交换机功能和性能，以确保数字化变电站关键组网设备的功能和性能满足要求。

过程层交换机性能测试项目包括以下九项。

（1）时延测试。测试智能变电站过程层、站控层以太网交换机，模拟各种网络拓扑下网络数据帧传输情况，在保证无数据帧丢失的情况下，转发固定长度或混合长度的一定流量的数据帧，确定数据帧从发送端到接收端的网络时延。需要模拟各种网络拓扑情况下的不同流量，测试不同拓扑、不同流量、不同数据发送方式对网络传输性能的影响，各种测试用例需要在现场交换机配置情况下进行测试。智能变电站测试的时延不考虑电力装置封装解析消耗的时间，而仅仅通过网络系统传输的存储转发时延。

（2）帧丢失率测试。测试 GOOSE 以太网交换机，模拟各种网络拓扑下 GOOSE 网络数据帧传输情况，转发固定长度的一定流量的数据帧，验证数据帧丢失情况，在吞吐量情况下不应出现帧丢失。

丢帧率测试对于单个交换机而言可以达到 100%线速的情况下不丢帧，在端口一对一的情况下，保证了变电站中信息的准确传输，避免了由于交换机的丢帧导致保护动作跳闸信息等重要报文无法被正确转发。然而在过程层，保护动作的报文是采用 GOOSE 报文，报文可以被组播到整个组播组，有可能在组播域中互相冲突，因而要采取多种测试拓扑，多条数据流在一个组播域中碰撞，查看交换机能否准确及时辨别清楚各个数据流，并准确转发给各个组播组中的端口。

（3）吞吐量测试。测试交换机所有端口（包括电口、光口），设置具体的发送流量和测试方法，交换机的端口吞吐量应满足智能变电站网络最高峰值负荷流量。模拟智能变电站网络系统的实际情况，发送一对一、多对一、多对多等各种网络负载，验证交换机在特殊网络拓扑下的最大负载量。

（4）检验 IP 地址的缓冲性能。交换机地址表缓存是 IP 地址缓存能力测试的重点。在变电站中，过程层的设备一般拥有 100~200 个 MAC 地址，而变电站的控制层主要用来传输单项数据，交换机必须能够准确地学习过程层设备的 IP 地址和 MAC 地址，从而为数据的正常收发提供指导。

通过对以太网中的 MAC 地址进行校核，确定 MAC 地址的数据承载能力，并在传输过程中，保证各设备的站内控制层次都能完成 MAC 地址和开关端之间的匹配任务。

（5）对“背靠背帧”数据进行计数检验。“背靠背帧”数据测试是网络应用中频繁出现的情形，主要是指大量简短而密集的报文连续不断地进入网络，而数据帧与帧的间隔非常小，在达到限速流量的情况下，数据发送时段之间的间隔最小，从而构成了“背靠背帧”数据发送方式。当数据帧到达交换机时，交换机的芯片没有足够的时间进行处理，多余的数据被保存在缓存空间内，给设备运行造成压力，当缓存容量不够时，将导致“背靠背帧”数据的丢失。

本测试可以确定在没有数据包丢失时，被测系统的最大突发数据包数量。由于这项检验能够探测网关存储数据的容量，因而可以得出传送数据与接收数据相等的结论。

（6）检验 MAC 地址的学习效率。新型网络拓扑结构是基于 MAC 地址学习性能的网络拓扑结构。以局域网为例，对智能变电站的 MAC 地址进行检验，在保证变电站业务不受影响的情况下，能够准确获取 MAC 地址，保证网关 MAC 地址与端口 MAC 地址具有一致性，可以检验 MAC 地址的现实功效。

（7）对虚拟局域网的性能进行验证。交换机必须支持 IEEE 802.1 Q 规定的虚拟局域网；网关应该以 MAC 地址为基础，并支持 VLAN 业务；在相同的虚拟局域网中，应该能够实现多个端口之间的分离；一个端口应当可以支持多个虚拟局域网分区；网关应该能够对被传送的数据包进行标签头部的插入、移除以及修改标签头部的操作。在 1588 帧 VLAN 传输试验中，当 1588 帧的通信量和后台通信量都大于某一数值时，首先要确保 1588 帧的通信量。

（8）对 GOOSE 的发送函数进行检验。变电站通信系统使用的 GOOSE，在发送函数时不需要经过 TCP/IP 层，但是由此形成的报文非常重要，这就需要交换机能够准确地传输。因此，可以建立服务器环境，对 GOOSE 报文进行传输分析和测试。

（9）测试优先级的方法。GOOSE Ethernet 网关可以将优先服务功能强加给特殊的信道或通信流。在传输优先级报文的过程中，舍弃无关紧要的报文，是有效传输报文的重要前提。流量的相关优先级可以由服务类型（Type of Service，ToS）表示。根据默认的优先顺序，需要将严格顺序和带权重的循环顺序分开进行检测。

一般交换机默认支持 4 个 802.1p 优先权队列：Normal、Medium、High、Crit（优先等级依次升高）。测试当 Priority 优先权与 Queue 队列对应关系的缺省设置情况下，测试交换机严格优先队列（SPQ）、加权循环（WRR）。

2. 整站网络性能测试

智能变电站具有功能集成、造价低廉、交互操作、安全可靠等特点，已经成为新一代变电站的发展趋势。随着信息化进程的逐步加快，电力系统自动化程度不断提高，变电站设备的检测与维护需要迎接层出不穷的新挑战。

全站通信测试指的是对整个变电站设备，包括智能终端、合并单元、继电保护装置、测控装置、保护信息子站、调度 D5000 主站、监控系统、调度 61850 保护信息主站、地区集控站、远动装置等，进行网络性能与通信测试。

（1）对智能装备型号的规格进行检验。IEC 61850-6 对变电站组态语言（SCL）和模型标准 SCHEMA 进行了定义，而通用的数据类别 CDC 以及符合标准的逻辑节点（LN），则由 IEC 61850-7-3 以及 IEC 61850-7-4 来规定，此被称为构建 IEC 61850 模式（ICD/SCD/CID）的基本型部件。在现实世界中，由于不符合标准或者特殊问题的频繁出现，系统无法准确地发挥功能，从而导致系统出现故障或系统之间的交互失效。所以，必须对模型的静态合法性展开检验。此外，安装静态模型后，在设备中构建新的动态模型，如果动态模型和静态模型不相符，仍将导致通信不正常等问题产生，这就需要对静态模型和动态模型做对比。

模型检测主要按照 IEC 61850 标准和国家电网公司智能变电站相关标准，对 ICD、SCD、CID 模型进行合法性测试，保证信息模型标准、规范的准确性，以及不同厂家的二次设备之间具备互操作性。将智能变电站配置模型检测划分为针对 IEC 61850 标准的语法检测、针对国家电网标准的特定性检测、不同类型模型文件的一致性检测，以及运行模型与离线模型的一致性检测。

（2）SV 和 GOOSE 之间的通信试验。在以集成装置和智能终端为核心的智能变电站中，中间层级和流程层级之间的通信发挥着关键作用。此外，针对要求订阅或发布 GOOSE 的智能装置，还应该检测 ICD 虚拟端子、SCD/CID 虚拟端子连线，订阅并监控 IED 发布 GOOSE，模拟发布 GOOSE 验证 IED 的订阅能力等。

本试验系统支持 IEC 61850-9-2 采样协议以及 IEC 60044-8（FT3）协议，可以利用并联装置的输出量或数字继电器的输出量，检测间隔层装置的采样精度。

在进行 GOOSE 功能试验时，利用数字型继电保护读取设备模式档案，仿真保护设备 GOOSE 的发行程序和订购程序，逐一进行所需的所有虚终端的测试；利用组态软件完成对该系统的组态，实现与被测对象的GOOSE通信，并利用消息分析器对采集到的消息进行分析，为GOOSE的通信性能检测提供有利的条件。在检测继电器和智能终端的 GOOSE 信号时，还需要检测继电器之间的互相闭锁信号。

（3）对终端控制层和终端通信业务进行检测。伴随着智能电网的快速发展，变电站内部智能设备间的通信调试，以及变电站的保护信息子站、远动装置、故障排除子站与调度通信中心的数据调试，已经成为影响项目进展的主要因素。IEC 61850中提到的“装置之间的相互性”既是智能变电站的优势所在，同时也成为智能变电站发展需要解决的难题。在项目开始前，对整个系统的通信功能进行测试，将设备调试工作转移到实验室，这样就可以很好地解决不具备现场调试条件、研发人员力量不足、调试环境恶劣、工期紧张等问题。

IEC 61850详细说明了装置函数及信息。在智能变电站中，为了确保各类通信业务的顺利推进，就需要按照相关的ACSI规范进行，否则就不能在变电站中进行相互操作。为此，有必要对IEC 61850的各项业务进行试验，包括通信相关业务、远程控制业务、报告业务、文件业务、定值业务等。

在此模拟试验环境中，从实际的使用功能出发，可以进行远程控制、文件传输、设定数值和报告上传等几个方面的试验。其中，以业务为基础的软件开发是试验的重要内容。

保护测控设备、监视系统、信息子站、区域集控站以及信息子站与IEC 61850主站之间的信息传递，是通信业务试验的目标。常见的探测内容包括远程呼叫修正设定区域、远程呼叫修正设定值、远程呼叫记录与存档、安全开关性能检测、安全开关的退出试验、安全开关的输入试验、保护远程事件信息上传等。

（三）网络重载下的通信能力测试

1. 网络广播风暴测试性能

确保智能变电站网络系统在发生通常的网络广播风暴及网络攻击的情况下，各个以太网电力装置能够抵御突发流量，接收正常报文，终端设备的状态和功能反应正常。测试智能变电站中使用的以太网装置抵御网络广播风暴的能力，在网络流量突增的情况下，以太网装置应该抵御带内带外风暴，避免发生装置功能失常或宕机等异常情况。

2. 网络流量测试

测试项能够测试在正常和非正常情况（装置故障模拟）下网络的流量，包括网络利用率、网络数据包传输率、错误率等。测试智能变电站网络系统的网络流量和网络协议是否正常，能够在整体上掌握整个数字化站的网络运行的情况，并且在发生异常流量情况下，能够及时找出发生异常装置，测试的结果能够指导站内网络设置（风暴抑制、优先级设置、网络拓扑顺序等）。测试内容包括：网络（数据包、丢包、广播、多点传送、字节、利用、错误）、错误描述（不完整数据、太大数据、碎片、模糊帧、CRC 校验错误、队列错误、冲突错误）、颗粒分布（64、65~127、128~255、256~511、512~1023、1024~1518 字节）。

IEC 61850 标准对智能电子设备的时钟精确度功能要求划分为 5 个等级（T1~T5），其中用于计量的 T5 等级精确度达到±1μs。需要采用时钟精确度测试仪对各类型的对时报文进行测试，保证对时精确度满足变电站的要求。

测试平台应可接收 GPS 与北斗两种授时信号，测试变电站内主时钟、扩展时钟输出的时钟信号精确度及同步性能；还可利用测试平台的特性，测试智能变电站中合并单元输出报文的延时及报文间隔均匀性，智能终端的 GOOSE 报文处理时间、GOOSE 传输延时，保护装置的 GOOSE 开出延时等。

三、同步时钟系统测试

（一）时钟信号精确度测试

1. IRIG-B 信号测试

该功能旨在测试 IRIG-B 码信号，并测试基准时间的脉冲相位差。

2. PPS、PPM 信号测量

测试基于 PPS（秒脉冲数）、PPM（分脉冲）的时钟脉冲相位差。测量按每秒一次。测试时，将 GPS 天线接入时钟测试仪，当 GPS 卫星被深度锁定时，即可开始测试。该项测试可测试每个脉冲的误差，并可计算平均和标准误差。

3. PTP 测试

针对 PTP 时钟源，其要测量的参数有 PTP 同步精确度及稳定度。选择测试仪 PTP 测量功能，双方工作在 P2P 模式；时钟源工作在 Master 模式，测试仪工作在 Slave 状态进行同步测试，可以测量出同步时钟误差 Offset、同步时延 Delay 值。

4. 串行消息时间测试

该功能设计用来测试串行消息信号，并测量与基准时间的脉冲相位差。

（二）时钟守时精确度测试

测试智能变电站主时钟的守时精确度。测试方法：时钟源运行一段时间，直至深度锁定，然后将时间输入源丢掉，使其进入守时状态，经过 24h（时间长短根据需要而定），再观察测试仪上各输出信号的守时精确度偏差值，即可得出守时精确度。

（三）SV 测试

测试合并单元发送 SV 报文的时间延时及报文间隔的时间均匀性。测试时，将合并单元及测试仪均上电正常运行，用测试仪给合并单元同步，通过对抓取的 SV 报文分析得出报文延时及报文间隔时间。

（四）网络设备延时测试

利用时钟测试仪开出信号，该信号经由网络设备传回至测试仪，分别由测试仪记录信号开出与接收时刻，两时刻之差即为信号经网络设备传输后的时延。

智能变电站采样的同步性直接影响智能变电站的安全稳定运行，合并单元的采样同步偏差会导致母线、变压器、线路差流；SV 采样间隔不均匀及延时不确定会导致保护误动或闭锁，进而可能造成保护误动或拒动等重大事故；SV 采样精确度不够可能会影响同步算法的精确度；网络流量异常可能会影响合并单元正常输出，进而影响采样间隔或发送延迟时间等。因此，需要对网络采样系统尤其是合并单元的采样同步性进行测试。

1. 单间隔同步性能测试

单间隔同步性能测试主要包含合并单元 DL/860 一致性测试、采样精确度测试、实时性与完整性测试、时钟误差测试和网络流量干扰测试。

（1）采样精确度测试。合并单元的精确度测试内容应包括稳态幅值误差和稳态相位误差。合并单元的精确度测试按照不同的输入类型和同步方式分别进行。对于网络输出的合并单元，测试时应进行可靠的同步。对于点对点输出的合并单元，应测试同步与不同步两种情况。对于支持多种同步方式的合并单元，应针对每一种同步方式都进行测试。

（2）实时性与完整性测试。

① 实时性测试。实时性试验测量合并。单元输入结束到输出结束的总传输时间，即合并单元的延时 T_a。应记录试验过程中 T_a 的平均值、最大值和均方差，其最大值应小于 1ms。实时性试验应记录试验过程中合并单元的采样报文帧发送间隔时间与标准间隔时间之差的绝对值的平均值、最大值和均方差，其中最大值应小于 10μs。

进行装置型式试验时，实时性试验应持续 24h 以上。进行装置例行试验时，实时性试验时间应持续 10min 以上。在上述试验过程中，合并单元的实时性应能够满足应用需求，并保持稳定。

② 完整性测试。根据合并单元采样值报文的帧序号连续性判断其发送的采样值报文的丢包情况，记录合并单元的丢包率以及最大连续丢包次数。进行装置

型式试验时，完整性测试时间应持续 24h 以上，装置例行试验时应持续 10min 以上。此项测试应该针对不同的采样值报文配置分别进行，例如 1 个 APDU 包含 1 个 ASDU 或多个 ASDU 等。

（3）合并单元 DL/T860 一致性测试。对合并单元的配置文件的语法语义正确性及采样值报文格式的正确性进行测试，测试内容包含同步位测试及采样计数器检查。

① 同步位测试。需要时钟同步的合并单元，应进行同步位测试。断开外部同步信号，采样值报文的 SmpSynch 位应在 10s 以内从 TRUE 变为 FALSE。

② 采样计数器检查。合并单元稳定工作情况下，采样计数器 SmpCnt 应在有效范围内连续变化。

（4）网络流量干扰测试。对于具备网络对时功能等需要外部网络信息输入的合并单元，针对其输入网口应进行网络流量干扰试验，试验中应设置工业交换机的 VLAN，使报文发生仪产生的网络报文只进入合并单元，以免影响其他设备的工作。

测试进行时应同时进行实时性与完整性测试以及对时误差测试，试验时间应不短于 10min，报文发生仪发生的报文流量应包括考察 20%、50%的线速，采样值报文帧长应包括 64、128、256、512 字节，报文类型为以太网（802.3）多播报文及其他可能在工作环境中出现的报文。试验期间，合并单元的各种性能指标应不受到网络流量干扰而降低。

（5）时钟误差测试。合并单元对时和守时误差的测试应在合并单元整个工作温度范围内进行多点测试，并且取其中的最大误差作为该项测试的最后结果。测试温度点至少包含以下温度点：最高工作温度、常温、最低工作温度。

① 守时误差测试。具有守时功能的合并单元需要测试守时误差。10min 的守时误差应不大于 4μs。

② 对时误差测试。对具备多种同步方式的合并单元，应针对每一种支持的对时方式进行测试。

2. 跨间隔同步性能测试

在智能变电站中，差动保护如母线差动、变压器差动需要依赖采样报文对参与差流计算的各采样值进行同步，可通过采样计数器或插值算法进行同步。当采用采样计数器同步时，例如主变保护，读取各侧合并单元采样值报文中的采样计数器 SmpCnt，当读取到各侧合并单元的 SmpCnt 相同时，才参与保护重采样计算。

由于主变保护接收到高中低压侧合并单元时间有偏差，此时，主变保护在接收到某一侧的报文后，会等待其他侧 SmpCnt 相同的报文。等待时间为主变各侧合并单元中时延最大与时延最小之差。因此，有必要对跨间隔合并单元之间的网络采样同步性进行测试，保证输入到各保护单元的采样报文符合标准要求。

（1）测试方法一。完全模拟智能变电站现场运行环境或直接在变电站现场进行测试，直接依赖于网络报文分析仪对不同合并单元报文采样时刻的记录和报文解析，从而得到同一采样序号 SmpCnt 下采样时刻偏差，验证跨间隔合并单元对采样的同步性。由于网络报文分析仪通过交换机采集合并单元输出报文，不可避免会引入交换机处理延时，而且该延时随着网络负载不同而变化。因此，应尽可能在现场“制造”实验室测试环境，进行单项测试。另外，需要对参与测试的交换机的延时范围进行测定。

（2）测试方法二。利用合并单元测试仪输出两路标准 FT3 报文或电压/电流模拟量（根据合并单元类型确定）分别到被测合并单元-主变高压侧合并单元和主变低压侧合并单元，合并单元处理输入后，产生两路标准的 IEC 61850-9-2 报文，通过光口直接接入网络报文分析仪。通过网络报文分析仪，直接比较同一采样序号 SmpCnt 的两路报文的采样时刻偏差。这里一般认为同一合并单元测试仪可“几乎同时”输出多路报文或采样脉冲，因此不需要考虑数据源的时钟同步；网络报文分析仪可基于硬件时间戳记录报文采集时刻，硬件时间戳的记录时间可精确到纳秒级，不影响报文分析仪处理时间对测试精确度的影响。

第四节　智能变电站网络采样的验收分析

智能变电站调试及验收应分为出厂阶段、安装调试阶段和启动试运行阶段，基本流程应符合下列规定：智能变电站调试应按照组态配置、单体调试、分系统调试、启动试运行的顺序分步骤进行，若工程采用的系统结构为首次应用或与以往工程差异明显应进行系统动模试验，系统动模试验应按照二次设备正常和异常两种情况进行；智能变电站验收应按照出厂验收、现场验收分步骤进行。

一、出厂验收

（一）单体调试

1. 一般要求

（1）技术说明书、合格证、图纸资料、装箱记录、开箱记录，资料应完整。

（2）待调试设备应进行软、硬件检查，包括硬件配置检查、参数检查、程序版本检查、配置文件版本及校验码检查，应满足技术协议要求。

（3）待调试设备应进行外观、接口及电源检查，包括外观检查、上电检查、电源检查、绝缘试验及光接口功率测试，应满足技术协议要求。

2. 电子式互感器

（1）电子式互感器应进行极性测试，极性应与本体标识一致。

（2）电子式互感器试验应符合有关规定，包括外观端子检查、一次侧端工频耐压试验、准确度检验。

（3）具有功能切换或传感元件切换的电子式互感器应进行切换试验，在切换过程中输出应正确。

（4）电子式互感器应进行自诊断功能测试，可采用切断采集器电源、断开采集器与合并单元连接光纤等方法，检查合并单元应告警正确，对应的采样值品质位应置位正确。

3. 合并单元

（1）合并单元测试应符合有关规定，包括精确度测试、电子式互感器通信接口测试、采样值输出接口性能测试和时钟同步测试。

（2）合并单元应进行闭锁告警功能测试，模拟电源中断、采样通道中断、对时异常、GOOSE 中断等情况，检查合并单元应告警正确。

（3）配置电压并列或电压切换功能的合并单元应进行电压并列或电压切换测试，模拟并列条件或切换条件，检查合并单元的并列和切换功能应正确。

（4）合并单元应进行品质位检查，模拟合并单元检修投退、采样异常，检查合并单元的输出数据通道及 GOOSE 发送报文的数据品质位应正确。

4. 智能终端

（1）智能终端应进行自检功能检查，模拟智能终端工作电源中断、通信中断、GOOSE 断链，检查智能终端应告警正确。

（2）智能终端应进行检修品质位检查，模拟智能终端检修压板投退，检查智能终端 GOOSE 发送报文的数据品质位应正确，接收保护、测控的信息应正确处理。

（3）智能终端应进行跳闸出口动作时间测试，模拟发送跳闸 GOOSE 报文至智能终端，测量智能终端的跳闸时间应不大于 7ms。

（4）智能终端应进行时标精确度及分辨率测试，模拟触发开入信号，检查开入时标精确度及分辨率应不大于 1ms。

（5）智能终端应进行基本功能测试，检验操作回路、信号回路、闭锁回路、监视告警回路、模拟量采集回路功能应正确，具有非电量保护的智能终端还应检验非电量保护功能正确。

5. 继电保护及安全自动装置

（1）继电保护及安全自动装置测试应符合 DL/T995《继电保护和电网安全自动装置检验规程》的有关规定，包括整定值检验、保护逻辑检验、纵联保护通道检验和整组试验等。

（2）继电保护及安全自动装置应进行 GOOSE 输入测试，模拟 GOOSE 输入，被测装置应符合以下 3 条规定：

① 所有 GOOSE 输入均正确。

② GOOSE 输入量设置有相关联的接收软压板功能正确。

③ GOOSE 检修机制应正确。

（3）继电保护及安全自动装置应进行 GOOSE 输出测试，模拟 GOOSE 输出，被测装置应符合以下 3 条规定：

① GOOSE 输出信息应与 SCD 一致。

② GOOSE 输出量设置有相关联的发送软压板功能正确。

③ 改变装置的检修状态，GOOSE 输出的检修位应正确。

（4）继电保护及安全自动装置应进行 SV 输入测试，模拟 SV 输入，被测装置应符合以下 9 条规定：

① 各通道 SV 输入的幅值、相角和频率应正确。

② SV 输入量设置有相关联的接收软压板功能正确。

③ SV 检修机制应正确。

④ 改变 SV 输入品质位，相关保护功能应正确处理。

⑤ 改变 SV 输入同步标志，相关保护功能应正确处理。

⑥ 模拟 SV 输入中双 A/D 通道的电流幅值不一致，被测装置应正确处理。

⑦ 模拟 SV 输入传输链路异常，相关保护功能应正确处理。

⑧ 对于有多路 SV 输入的装置，模拟多路 SV 输入，SV 采样应同步。

⑨ SV 通信中断后，应能可靠闭锁相关保护功能，显示及上送信息应正确。

（5）继电保护及安全自动装置应进行 MMS 通信检验，建立被测装置与监控后台、保护故障信息子站等站控层设备通信，被测装置应符合以下 2 条规定：

① 装置相关电压、电流等模拟量信息应能正确上送。

② 装置的压板状态、装置告警、保护动作事件及通信状态等相关信息应能正确上送。

（6）继电保护及安全自动装置应检查对时功能正确。

6. 测控装置

（1）测控装置应进行 SV 输入测试、模拟 SV 输入，被测装置应符合以下 5

条规定：

① 各通道 SV 输入应正确。

② 额定频率时，电压、电流测量值的引用误差应不大于 0.2%。

③ 额定频率时，有功功率、无功功率、功率因数测量值的引用误差应不大于 0.5%。

④ 在 45~55Hz 范围内，频率测量值的绝对误差不大于 0.005Hz。

⑤ 交流量采样值的零值死区值和变化死区值应正确。

（2）测控装置应进行 GOOSE 输入测试，模拟 GOOSE 输入，被测装置应符合以下 3 条规定：

① 所有 GOOSE 输入均正确。

② 模拟 GOOSE 输入量变化，SOE 分辨率应不大于 1ms。

③ 检查远方就地把手、检修压板的转换状态应正确。

（3）测控装置应进行控制输出测试，被测装置应符合以下 4 条规定：

① 解除逻辑闭锁功能，下发控制命令，检查 GOOSE 输出应正确。

② 投入检修压板后，检查 GOOSE 输出的检修品质位应正确。

③ 投入同期功能，按同期条件输入 SV，下发同期操作命令，检查同期功能应正确。

④ 投入逻辑闭锁功能，按逻辑闭锁条件输入 GOOSE 和 SV，检查逻辑闭锁输出应正确。

7. 故障录波装置

（1）故障录波装置应进行 GOOSE 输入测试，模拟 GOOSE 输入，被测装置应显示正确。

（2）故障录波装置测试应符合 DL/T995《继电保护和电网安全自动装置检验规程》的有关规定，包括录波启动、定值检查及装置告警等功能测试。

（3）故障录波装置应进行 SV 输入测试，模拟 SV 输入，被测装置应显示正确。

（4）故障录波装置应进行 MMS 通信检验，建立被测装置与客户端通信，被测装置应能正确上送录波文件。

（5）故障录波装置应检查对时功能正确。

8. 报文记录及分析装置

（1）报文记录及分析装置应进行报文记录功能检查，被检装置应正确监视和记录 MMS、GOOSE、SV 报文，不漏记、不丢失。

（2）报文记录及分析装置应进行记录时间的准确度和分辨率检查，被检装置报文记录时间的准确度和分辨率应满足技术要求。

（3）报文记录及分析装置应进行报文存储功能检查，被检装置应根据报文特征和存储空间设置存储周期，报文存储周期应符合技术要求。

（4）报文记录及分析装置应进行网络分析功能检查，被检装置的通信过程分析、MMS/SV/GOOSE 离线分析、在线分析及告警等功能应正确。

（5）报文记录及分析装置应检查系统自诊断、自恢复功能正确。

（6）报文记录及分析装置应检查对时功能正确。

9. 时间同步及扩展装置

（1）时间同步及扩展装置应进行同步功能测试，分别将北斗、GPS、B 码时钟源接入主时钟，装置应能正确对时；将 B 码、PPS 信号源接入从时钟，装置应能正确对时。

（2）时间同步及扩展装置应按照 GB/T 26866《电力系统的时间同步系统检测规范》进行授时输出信号及精确度测试、守时功能测试、状态指示测试和告警功能测试。

（3）时间同步及扩展装置应进行捕获时间测试，在热启动、冷启动条件下，被测装置应能正常捕捉北斗和 GPS 时钟源，热启动时捕获时间应小于 2min，冷启动时捕获时间应小于 20min。

10. 交换机

（1）交换机应进行基本功能检查，包括以下 5 个检查项目：

① 工作状况检查，各交换机的工作、告警指示灯应正确显示。

② 日志记录检查，交换机的端口状态记录、故障告警记录以及其他系统日志记录应正确无误。

③ 交换机端口优先级检查，交换机应具有 802.3Q 优先级处理功能。

④ 端口镜像功能检查，对通信网络上任意交换机设置网络报文记录分析仪所在端口为镜像目的端口，网络上其他端口输入流为镜像源，镜像端口应能正常接收交换机上其他端口数据。

⑤ 配置保存及导出载入功能检查，对通信网络上任意交换机做好配置后设置保存功能，重启后配置应不变；配置文件应可以文件形式备份，备份文件可载入至更换交换机，完成配置替换。

（2）交换机应进行网络广播风暴抑制功能测试，模拟广播、组播、未知单风暴数据，交换机应正确抑制至设定值。

（3）交换机应进行可靠性检查，应包括以下 3 个检查项目：

① 电源接线检查，交换机电源接线应满足设计要求。

② 数据流隔离配置检查，检查交换机 VLAN 和静态/动态组播配置，应与设计一致，数据流应正确隔离，无交叉数据转发。

③ 交换机以太网光接口测试，测试光接口的光功率、接收灵敏度、工作波长，应符合技术要求。

（二）分系统调试

1. 监控系统

（1）监控系统应进行监测功能测试，包括以下 7 个测试项目：

① 通信检查，与计算机监控系统功能相关的 MMS、GOOSE、SV 通信状态应正常，各装置通信状态告警应正确。

② 遥信功能测试，监控后台主接线及光字牌的遥信状态、遥信变位、拓扑着色应与实际状态一致，SOE 时间精确度应满足技术协议要求，告警窗应正确显示，遥信响应时间应不大于 1s。

③ 遥测功能测试，监控后台系统电流/电压、潮流数据、曲线等在监控界面应显示正确，应刷新正常，测量精度和线性度应满足技术要求，遥测响应时间应不大于 2s。

④ 数据库功能检查，应具备数据库增加/删除/修改功能、历史数据库分类查询功能，实时数据库刷新周期应满足技术要求。

⑤ 告警功能检查，告警方式、告警类型、告警处理应正确。

⑥ 事故追忆功能检查，应实现遥测量和遥信量的追忆，事故追忆范围及时间应满足技术要求。

⑦ 后台双机双网冗余切换功能检查，切换过程中主、备机数据库应保持一致，切换时数据不应丢失，切换时间应满足技术要求。

（2）监控系统应进行控制功能检查，包括以下 5 个检查项目：

① 遥控功能检查，对变电站内所有断路器、隔离开关、主变挡位等设备进行各种控制应执行正确，间隔层软压板应投退正确，远方复归应正确，遥控响应时间应满足技术要求。对设置了防误闭锁逻辑的遥控对象，验证其防误闭锁逻辑应正确。

② 顺序控制功能检查，监控系统顺序控制策略与预设顺序控制策略应一致，各类顺序控制操作应逐项通过防误校验后方可执行。

③ 操作控制权切换功能检查，调度、监控、测控、就地的操作控制权切换应正确。

④ 无功控制功能检查，模拟变电站一次运行工况，通过监控后台人机界面进行无功控制功能投退和目标值设定，校验各控制区域动作逻辑及一次设备动作情况，电网相关数据信息应与实际一致，调节操作记录应正确规范。

⑤ 定值管理功能检查，监控系统对间隔层装置定值召唤、修改应正确，定

值区切换应正确。

（3）监控系统应进行智能告警功能检查，检查按监控事故、异常、越限、变位、告知5类告警信息分类功能应正确，告警内容格式和告警行为应正确。

（4）监控系统应进行故障分析功能检查，检查告警分析推理功能、故障分析报告格式及内容应正确。

（5）监控系统应进行雪崩试验，在变电站各系统正常运行情况下，模拟多个间隔装置信息同时变化，监控主机应无信息丢失，记录时间和顺序应正确。

2. 保护故障信息系统

（1）保护故障信息系统应进行站内外通信交互检查，间隔层保护故障信息与远方保信主站通信交互功能应正确。

（2）保护故障信息系统应进行保护故障信息功能检查，配合各级主站分别调试保护故障信息读取与远传功能，应符合以下4条规定：

① 模拟保护开关量或软压板状态变化、采样值变化、异常告警，系统应正确响应。

② 系统应能正确操作保护装置功能软压板的投退及定值区的切换。

③ 模拟各种故障触发保护动作，系统应正确接收录波装置上送的录波列表及录波文件，正确显示动作报告、故障报告。

④ 人工或自动召唤保护及故障录波装置的定值或录波文件，系统应能正确显示被召唤装置的实际定值或历史录波文件。

3. 时间同步系统

（1）时间同步系统应进行网络结构及双路对时信号切换检查，其结果应符合设计要求。

（2）时间同步系统应进行时钟源自守时、自恢复功能检查，外部时钟信号出现异常及恢复时，站内时钟源应能自守时、自恢复。

（3）时间同步系统应进行时钟源主备切换检查，主备时钟源切换应符合技术协议要求。

（4）时间同步系统应进行需授时设备对时功能检查，需授时设备对时功能应正常，并且精度应符合技术协议要求，对时信号异常时应有相应报警信号。

4. 二次回路检验

（1）二次回路检验应按照DL/T 995《继电保护和电网安全自动装置检验规程》的有关规定检验电流互感器二次回路、电压互感器二次回路、断路器和隔离开关二次回路、直流电源回路、二次回路绝缘。

（2）二次回路应进行通流加压试验，应同时加幅值不同的三相电流或三相电压信号，检查各装置及系统显示应正确。

（3）光纤回路检查时，应检测光纤回路的光功率衰耗，光功率衰耗不宜大于3dB。

（4）通信告警检查时，应检查所有智能电子装置之间通信中断告警应正确。

5. PMU系统

（1）应进行通道配置检查，PMU装置电压和电流通道的名称、变比、额定参数、数据上传周期等应符合设计要求。

（2）应进行通信状态及配置检查，PMU至主站通信状态应正常，通信和接入信息配置列表应符合设计要求。

（3）应进行数据远传功能调试，模拟站端PMU各接入信息，主站核对数据应正确无误；主站向站端PMU系统召唤实时数据，数据波形文件应显示正常；如智能远动网关集成PMU集中器功能，调试宜与远动系统同步进行。

（4）应进行自启动功能检查，站端PMU系统重启后应自动与主站建立通信连接，主站确认数据刷新、通信及各项功能均正常。

6. 网络性能试验

（1）网络功能试验，网络应具备优先传输、组播报文隔离等功能，应符合以下3条规定：

① 优先传输功能试验，对于配置网络跳闸的继电保护，对网络发送满负载的普通优先级报文，继电保护整组动作时间应满足技术要求。

② 组播报文隔离功能检验，截取网络各节点报文，不应含有被隔离组播报文。

③ 网络可靠性试验，模拟网络系统中任一节点或IED掉电、中断、中断恢复等情况，网络系统中非关联节点的运行不应受到影响，关联节点的运行不应出错、死机，在中断或掉电恢复后应能正常通信。

（2）网络加载试验，网络在重载情况下应能正常工作，应符合以下2条规定：

① 站控层网络加载试验，对站控层网络注入各种负载报文，监视后台、智能远动网关等客户端通信情况及交换机CPU负荷率，应符合设计要求。

② 过程层网络加载试验，对过程层网络注入各种负载及各种组播地址的组播报文，多次测试相关保护整组动作时间、后台事件及监视交换机CPU负载率，应符合设计要求。

7. 整组传动试验

（1）电气一次设备传动试验，应符合下列规定：分别从监控后台、远动主站逐一控制变电站所有可控一次设备，同时检查人机界面和相关装置信息应正确。模拟各一次设备的状态信号与测量量，分别在监控后台和远动主站检查相关信号及设备状态可视化信息应正确。

（2）顺控功能传动试验，应符合以下 3 条规定：

① 按典型顺序控制要求逐一检验全部顺序控制功能应能正确传动。

② 检查不同运行方式下自动生成典型操作流程的功能应正确。

③ 检查顺序控制急停功能应正确。

继电保护传动试验，可按现行 DL/T 995《继电保护和电网安全自动装置检验规程》执行，应符合以下 5 条规定：

① 分别投入/退出相应压板检查保护整组动作应正确。

② 分别投入/退出检修压板检查保护整组动作应正确。

③ 检查保护整组动作时间应符合智能变电站继电保护通用技术条件有关规定。

④ 检查 80%直流电源下设备应可靠动作。

⑤ 配合传动试验检查监控后台及保护故障信息系统的信号及故障信息综合分析功能应正确。

（三）工厂验收

1. 工厂验收前应具备的条件

（1）工厂验收大纲已完成编制并通过审核。

（2）供货商已按实际工程搭建完整的模拟测试环境，并完成厂内测试。

2. 工厂验收应包括的资料

（1）系统硬件清单及配置参数，应包括 SCD 文件。

（2）设备随机技术资料、检验报告和出厂合格证书。

（3）设备型式试验报告。

（4）厂内测试报告。

（5）合同技术协议。

（6）技术联络会纪要及备忘录。

（7）设计文件。

3. 工厂验收应包括的试验

自动化、继电保护、计量、远动、时间同步、网络等装置及系统的单体功能、性能测试，整体性能试验。

4. 工厂验收通过的要求

（1）所有设备的型号、数量、配置均符合项目合同要求。

（2）文件及资料齐全。

（3）工厂验收结果应满足项目合同技术协议的要求，无缺陷项目，偏差项目总数不得超过 2%。

二、现场验收

（一）现场验收应具备的条件

（1）待验收设备已在现场完成安装调试。

（2）完成竣工草图编制。

（3）完成现场验收大纲编制并通过审核。

（4）安装调试单位已提交现场安装调试报告。

（5）型式试验报告齐全，试验数据和功能验收结果满足相关标准和技术协议要求。

（6）智能变电站的 SCD 文件已作为变电站图纸资料提交。

（二）现场验收应包括的文件及资料

（1）系统硬件清单及配置参数，包括 IED 配置文件、SCD 文件、VQC 和保护测控定值单等。

（2）设备现场安装调试报告。

（3）竣工草图，包括“四遥”信息表、GOOSE 配置图、二次逻辑回路图等。

（4）“五防”闭锁逻辑表及完整、正确的典型操作票。

（5）厂家相关资料，包括厂家图纸、产品说明书等。

（三）现场验收内容

现场验收内容应包括一、二次设备的功能、性能试验，系统功能、性能试验。

（四）现场验收通过的要求

（1）文件及资料齐全。

（2）所有设备型号、数量、配置符合项目合同要求。

（3）现场验收结果必须满足项目合同技术协议的要求，无缺陷项目，偏差项目总数不得超过 2%。

第四章 智能变电站综合自动化的智能控制

第一节 智能变电站控制技术综述

一、智能变电站的控制模式

随着社会经济和科学技术的快速发展，自动控制技术也被应用在了各行各业的发展中。变电站也一样，应用自动化的控制监控技术，不但降低了工作人员的工作强度，还提高了工作的效率，为变电站的发展带来了更高的经济效益。[1]变电站控制主要是指采用自动或人为操作的方式，通过继电保护设备、自动化系统实现对断路器、隔离开关、变压器等一次设备的跳闸、遥控、遥调等操作，此外，还包括通过远方自动化系统或本地监控系统实现对二次设备定值修改、功能投退、软压板等控制操作。

在智能变电站中，这些控制信号的传输是基于IEC 61850协议实现的，其中，站控层网络采用MMS协议，过程层网络采用GOOSE协议。具体的控制流程分为以下两种。

（一）继电保护装置的控制流程

继电保护主要是利用电力系统中元件发生短路或异常情况时的电气量（电流、电压、功率、频率等）或其他物理量（如变压器气体含量等）的变化构成继电保护动作的原理。继电保护装置主要包括测量部分、定值调整部分、逻辑部分和执行部分。

电力系统运行参数（如电流、电压、功率因数角）在正常运行和故障情况时

[1] 林文胜.变电站控制监控技术应用分析［J］.中国高新区，2018（15）：143.

有明显区别，继电保护装置利用这些参数的变化，在一定时间周期内循环采集系统参数判断系统状态，发生故障时迅速判断故障性质和范围，并做出相应的反应和处理，如发出告警信号或令断路器跳闸等。

不同于传统变电站采用电缆方式通过断路器操作箱实现断路器的跳闸，智能变电站采用 GOOSE 协议实现跳闸。具体地，保护装置发出 GOOSE 跳闸报文，报文中携带动作对象、发送时刻、报文标识、操作通道等完整信息，订阅该信息的智能终端接收后，对报文进行合法性校验，校验通过后，由智能终端的开出执行单元执行跳闸操作。

保护跳闸通常采用两种方式。

（1）GOOSE 点对点跳闸方式。GOOSE 点对点跳闸方式即“直采直跳”方式，保护装置与智能终端之间具有独立光纤连接，保护跳闸信号直接通过该光纤传输，跳闸命令通过光缆直达智能终端，无中间环节，其余信号接至过程层交换机通过网络传输。

（2）GOOSE 网络跳闸方式。保护装置与智能终端均通过光纤接至过程层交换机，保护跳闸等所有 GOOSE 信号均通过网络传输。考虑到通信网络结构的复杂性、通信的稳定性和实时性要求，国家电网公司继电保护相关规范都明确要求继电保护采用 GOOSE 点对点跳闸方式。

（二）遥控操作的流程

1. 本地监控系统的操作

监控系统对测控装置下发遥控命令，测控装置收到命令后通过 GOOSE 插件向智能终端发送 GOOSE 跳闸报文，智能终端 GOOSE 插件接收到 GOOSE 遥控命令后，通过开出插件进行实际出口。遥控操作的一般流程如下：

（1）后台监控读取装置中遥控选择数据属性的数据。

（2）装置向后台监控上送遥控选择数据属性的当前数值。

（3）后台监控对装置中遥控选择数据属性进行写操作，即遥控选择。

（4）装置对后台监控下发的遥控选择数据属性写操作进行确认，即遥控选择确认。

（5）后台监控读取装置中遥控执行数据属性的数据。

（6）装置向后台监控上送遥控执行数据属性的当前数值。

（7）后台监控对装置中遥控执行数据属性进行写操作，即遥控执行。

（8）装置对后台监控下发的遥控执行数据属性写操作进行确认，即遥控执行确认。

（9）装置向后台监控回送遥控执行结果。

2. 远方调度系统的操作

在调度侧通过调度自动化系统，如 D5000 发送遥控开关命令到变电站远动装置，通常采用 IEC 104 协议。远动装置接收到操作命令后，经校验后，将控制命令转换为 IEC 61850MMS 报文，经站控层交换机发送至测控装置，测控装置接收 MMS 遥控命令后，转为 GOOSE 报文，发送至智能终端执行。命令到远动装置后，此后的执行过程与本地监控系统操作一致。

二、GOOSE 协议的介绍

IEC 61850 中定义的面向通用对象的变电站事件（GOOSE）以快速的以太网多播报文传输为基础，代替了传统的智能电子设备 IED 之间的硬接线的通信方式，为逻辑节点间的通信提供了快速且高效可靠的方法。GOOSE 服务主要用于传输变电站内保护跳闸、断路器位置、测控联锁等实时性要求的数据，还可以传输如温湿度等模拟量信息，甚至可以传输时间同步信息等。

GOOSE 报文的发送采用心跳报文和变位报文快速重发相结合的机制，T_0 称为心跳时间，在 GOOSE 数据集中的数据没有变化的情况下，装置平均每隔 T_0 时间发送一次当前状态，即心跳报文，报文中的状态序号 stNum（用于记录 GOOSE 数据发生变位的总次数）不变，顺序号 sqNum（用于记录稳态情况下报文发出的帧数）递增。

当装置中有事件发生（如开关状态变位）时，GOOSE 数据集中的数据就发生变化，装置立刻发送该数据集的所有数据，然后间隔 T_1 发送第 2 帧及第 3 帧，间隔 T_2、T_3 发送第 4、5 帧，T_2 为 $2T_1$，T_3 为 $4T_1$，后续报文依此类推，发送间隔以 2 倍的规律逐渐增加，直到增加到报文再次成为心跳报文。当数据变位后的第 1 帧报文中 stNum 增加 1，sqNum 从零开始，随后报文中 stNum 不变，sqNum 递增。

工程应用中，T_0 一般设为 5s，T_1 设为 2ms。GOOSE 状态变位过程共发 5 帧数据，即以 2ms-2ms-4ms-8ms 的时间间隔重发 GOOSE 报文，连续发 5 帧后便以 5s 时间间隔变成心跳报文。

GOOSE 接收可以根据报文允许存活时间来检测链路中断，定义报文允许存活时间为 $2T_0$，接收方若超过 2 倍允许存活时间没有收到 GOOSE 报文即判为中断，发 GOOSE 断链报警信号。由此，通过 GOOSE 通信机制也实现了装置间二次回路状态在线监测。

GOOSE 报文的传输过程与普通的网络报文不同，它是从应用层经过表示层 ASN.1 编码后，直接映射到底层的数据链路层和物理层，而不经 TCP/IP 协议，即不经网络层和传输层。这种映射方式避免了通信堆栈造成的传输延时，从而保证了报文传输的快速性。其中，ASN.1 基本编码规则采用的编码结构，由标记、长度以及内容三个部分组成。

GOOSE 采用发布者/订阅者通信结构，此通信结构支持多个通信节点之间的对等直接通信。与点对点通信结构和客户/服务器通信结构相比，发布者/订阅者通信结构是一个或多个数据源（即发布者）向多个接收者（即订阅者）发送数据的最佳解决方案，尤其适合数据流量大且实时性要求高的数据通信。发布者/订阅者通信结构符合 GOOSE 报文传输本质，是事件驱动的。

第二节　智能变电站网络控制设备技术的要求

一、智能高压设备的要求

（一）智能组件的通信要求

智能组件包括两种网络通信，分别是过程层网络通信和站控层网络通信，与 DL/T860 通信协议要求相符。过程层网络应该与智能组件中的所有 IED 连接，如果 IED 与站控层网络有信息的交流，还要与站控层网络连接，监测功能组的 IED 就是这样。

具体情况要根据实际情况具体分析，组件内的交换机配置方案可以不同，并对过程层网络进行优化，主要优化技术包括优先级设置、流量控制、VLAN 划分等，这些技术可以最大限度地满足过程层及站控层的网络通信要求，而且成本低、安全可靠。

（二）智能变压器的高级功能

智能变压器除具有转换电压、传输电能、稳定电压的传统变压器基本功能外，还可通过智能传感器和智能组件实现智能测量、智能控制、智能计量、智能监测和智能保护等高级功能。

1. 智能测量的功能

智能变压器要能够获取并处理各种参量，拥有数字化技术，这些参量主要来源于电力系统运行和控制，还有各种电、光、放电、振动等物理量，用来反映电气设备的状态，此外能够采集并处理数据，以数字化形式提供参量，数字化也是信息传播、处理和存储的主要形式。具体运行数据主要有电流、电压、有功功率、无功功率、功率因数、温度、油位等。

变压器测量主要包含以下几个方面：①要测量的电流主要是各个负荷电流和中性点电流，在测量的基础上保护并了解相应的状态；②对变压器上下两层的油温进行测量，防止变压器温度过高或过低，保证设备正常运行；③可以通过测量有载分接开关切换次数分析机械寿命；④可以通过测量有载分接开关当前分接位置了解当前工作状态；⑤为排除内部故障而导致的放电或断路，需要采集气体继电器节点信息和压力释放阀状态信号；⑥主油箱和分接开关油箱的油位测量有助于做好准备工作；⑦为确保风扇和电动机的正常工作，需要测量风扇电动机电流和电压；⑧通过观察油流继电器释放的信号，了解油泵工作状态。

2. 智能控制的功能

智能变压器需要具备自适应控制能力，指的是借助现代先进科技，对自身状态进行调节，以适应当前的工作环境，使过程不断完善。如自动调节温度、控制负荷及运行、有载调压、自动补偿、优化运行过程、以经济最优原则运行系统等，使系统经济运行，可以将损耗降到最低。

智能变压器在变压器本体监测参量的基础上，对单元配置进行控制，根据通信协议要求连接本体控制箱和智能汇控柜中的控制单元 IED。智能变压器控制单元 IED 主要用于接收间隔层或站控层发出的指令，并向二者发送数据，将数据保存。

新造变压器的冷却装置的控制权掌握在智能组件的控制器上；而要控制已经运行的变压器，则需要控制器自主控制，或由智能组件控制。控制器可自主控制有载分接开关，而智能组件只能通过控制器予以控制。

3. 智能计量的功能

智能变压器的计量主要采用电子式互感器。电子式互感器正常运行时可以测量几十至几千安的电流，故障条件下可反映几万甚至几十万安的电流，输出的数字接口实现了变电站运行实时信息数字化和电网动态观测，在提高继电保护可靠性等方面具有重要作用。准确的电流、电压动态测量，为提高电力系统运行控制的整体水平奠定了计量基础。如果主设备集成了计量互感器，可以将计量功能集成到智能组件中，实现一体化设计。

4. 智能监测的功能

智能变压器在线监测包括本体监测和辅助设备监测两部分，监测单元具有自我监测和诊断能力。其本体监测项目主要有温度及负荷监测、油中溶解气体及微水监测、铁芯接地电流监测、局部放电监测和套管绝缘监测；辅助设备监测有冷却器监测、有载分接监测和保护功能器件监测。目前，国家电网公司各试点站的变压器状态监测参量基本实现了对油色谱、局部放电、油温和铁芯接地电流等参量的监测，能实时监测变压器运行参数（局部放电、油绝缘等），掌握变压器的运行状态和故障部位以及故障发生原因，从而减少人力维修成本，提高设备运行的可靠性。

其中，局部放电监测一般用于电压等级为 500kV 及以上的重要变压器。对于新造变压器，局部放电监测宜采用内置型特高频天线接收式监测技术或外置型高频线圈耦合式监测技术。对于已投运变压器，宜采用外置型高频线圈耦合式监测技术。所采用的局部放电监测技术应具有良好的抗电晕干扰能力。在变电站正常运行条件下，最小可监测的视在放电量应不大于 500pC，最大可测放电量应不低于 5000pC。

油中溶解气体监测宜应用于电压等级为 220kV 及以上的重要变压器。实际工程中，用户根据油中溶解气体监测需要，可酌情选择电化学法、色谱法、光谱法等技术，满足智能组件状态可视化的基本要求。在变电站正常运行条件下，对油中溶解气体监测的基本要求中氢气（H_2）和乙炔（C_2H_2）为应选，其他气体及水分为可选。

绕组光纤测温宜用于电压等级为 220kV 及以上的重要变压器。绕组光纤测温测量不确定度应不大于 2℃，测量范围应不小于 5~180℃。

侵入波监测可用于电压等级为 500kV 及以上的重要变压器。侵入波监测可从具有较高响应特性的电压互感器取样，也可在变压器套管末屏加装分压电容来取样（需制造商认可或专门设计），测量回路的方波响应时间应不大于 0.6μs、幅值测量的不确定度不大于 5%。

变压器振动波谱和噪声监测应有变压器振动波谱和噪声的正常指纹，应有相关故障或缺陷的特征指纹，应有相应的指纹分析技术。传感器位置、监测频率、灵敏度等应满足监测要求。

（三）智能断路器的基本功能

与其他智能高压设备类似，智能断路器具有智能测量、控制、计量、监测和保护功能。

1. 智能断路器的测量功能

智能断路器应具备参量获取和处理的数字化功能，包括电力系统运行和控制中需要获取的各种电参量和反映电气设备自身状态的各种状态量，如分/合闸位置信号、分/合闸报警信号、储能电机超时过流信号、SF_6气压信号、交/直流失电信号以及其他必要的统计数据。具备数据采集和处理单元，各种参量以数字形式传输并实时发送运行数据和故障报警信息。

断路器测量主要包括以下方面：测量分/合闸位置信号，可以实现断路器位置指示：测量断路器操作次数，可以判断断路器触头的机械寿命；测量断路器分/合闸控制回路断线信号，可以实现断路器控制回路断线信号指示；测量储能机超时、过流信号，可以实现电机过流超时报警；测量 SF_6气压信号，可以判断 SF_6室的各种异常情况；测量交/直流失电信号，可以判断电源是否正常工作。

2. 智能断路器的控制功能

断路器智能控制要体现在分/合闸操作控制和合闸选相控制。智能控制单元是断路器智能化控制的核心，当继电保护装置向断路器发出系统故障的命令后，控制单元根据一定的算法，得出与断路器工作状态对应的操动机构预定的状态，自动确定与之相对应的操动机构的调整量并进行自我调整，从而实现最优操作。合闸操作控制是指智能组件应支持所属断路器间隔各开关设备的网络化控制，控制应满足所属开关设备的逻辑闭锁和保护闭锁要求。如果有就地控制器，可以通过网络连接至智能组件的开关设备控制器，接收开关设备控制器的分/合指令并向开关设备控制器发送相关量和监测信息；如果仅有执行器，则由智能组件中的开关设备控制器直接控制分、合操作，相关测量，监测信息以模拟信号方式传送至开关设备控制器。此外，智能组件还应支持智能断路器间隔各开关设备的顺序控制，即按一个完整操作的一系列指令，智能组件自动按照规定的时序和逻辑闭锁要求逐一完成各指令所规定的操作。

合闸选相控制是指断路器能选择合适的相位进行合闸操作，在需要减小合闸暂态电压和涌流等场合，宜选择合闸相控制器。加装合闸选相控制器之后，断路器实际合闸相位与预期合闸相位之间的系统偏差应不大于 1ms，合闸时间的分散性应不大于 1ms。

3. 智能断路器的计量功能

智能断路器的计量主要采用电子式电流互感器和数字式电能表，采用数字输入/输出接口，实现变电站运行实时信息数字化。通过 IEC 61850 协议传输数字化电压、电流瞬时值，减少了传统二次回路的各种损耗，抗干扰能力强。计量系统的误差由电子式电流互感器和电压互感器决定，较之传统的互感器测量误差大大减小，提高了测量精度。电子式电流互感器在电网动态观测、提高继电保护可靠性等方面具有重要作用。如果主设备集成了计量互感器，可将部分计量功能集成到智能组件中，实现一体化设计。

4. 智能断路器的监测功能

断路器绝大多数事故发生在操动机构和控制回路中。智能断路器的状态监测参量主要包括分/合线电流波形、行程、储能电机电流、SF_6 气体密度和压力。通过对各种监测信息的综合判断，可实现对分/合闸速度、弹簧机构弹簧压缩状态、传动机构、电动机操动机构储能完成状况等的监测，并可实现越限报警。

（1）局部放电监测。500kV 断路器和高压组合电气设备需要进行局部放电监测。可以使用内置传感器来监测新的高压组合电气设备；如果是已经运行的、500kV 以上的高压组合电器，可以使用外置传感器。局部放电监测的设备要能够很好地抵抗电晕干扰，当变电站工作稳定时，局部放电监测单元可监测的最小放电量应该小于 50pC，最大放电量为 5000pC。

（2）操动机构特性监测。断路器操动机构特性监测包括分/合闸线圈电流波形、分/合闸时间等。如果高压组合电器在 220kV 以上，则使用分/合闸线圈电流波形进行监测。只有 500kV 以上的电压才能使用行程-时间曲线，主要由制造开关设备的工厂使用。分/合闸线圈电流波形可以测量的不确定幅值是 1.5%、时间为 1ms；分/合闸时间允许测量不确定度为 1ms；行程-时间曲线的时间和幅值测量不确定度需要根据具体情况定。声学指纹的监测频率为 0.1Hz~20kHz。

（3）储能电机工作状态。储能电机工作参量主要有电机电流、电压、工作时间；如果是液压机构，还要统计储能电机每天的启动次数和总的工作时间。

5. 智能断路器的保护功能

220kV 及以上电压等级智能断路器的保护按双重化配置，主、后备保护按一体化设计，每套保护包含失灵保护及重合闸等功能。出线有隔离开关时边断路器宜包含短引线保护功能，短引线保护可独立设置，也可包含在边断路器保护内。断路器保护装置接收来自合并单元的采样信息，实现保护功能，并通过 IEC 61850 协议与站控层网络进行信息交互。当失灵或者重合闸需要线路电压时，边断路器保护需要接入线路 EVT 的合并单元（MU）中，开关断路器保护任选一侧 EVT 的 MU；当重合闸需要检验同期功能时，边断路器保护电压引入方式采用母线电压 MU 接入相应间隔电压 MU。断路器保护装置与合并单元之间采用点对点采样值传输方式，断路器保护的失灵动作跳相邻断路器，远跳信号经 GOOSE 网络传输，使相邻断路器的智能终端、母差保护（边断路器失灵）及主变压器保护跳关联的断路器，通过线路保护启动远跳。

（四）智能容性设备的功能

智能容性设备将监测、控制及通信等功能融于一体，具有高效快速的处理能力和强大的实时监控功能，能很好地满足电容型设备的监测要求，使监测系统模块化、系统化成为可能。智能设备的控制信号依据 IEC 61850 通信协议，采用 IRIG-B 码对时提供精确统一的时间基准，保证数据传输的可靠性和实时性。智能容性设备主要功能如下：

1. 智能容性设备的监测功能

智能容性设备的监测主要包括末屏泄漏电流监测、介质损耗因数 $\tan\delta$ 监测和电容量监测等。智能容性设备具备对各参量信息的获取和数字化处理功能，包括容性设备运行和控制中需要获取的各种电气参量和能够反映设备自身运行状态的物理量。

2. 智能容性设备的报警、保护功能

智能容性设备具有智能保护和报警功能。当智能设备监测到运行参数信息（如内部器件绝缘损坏）超标时，及时向监测主机或信息一体化平台发送故障数据，并在一体化平台中显示故障点、故障类型、故障数据等，帮助检修人员快速定位故障和安排检修计划。智能容性设备的在线监测与微保护装置进行接口通信，实现保护智能化。

3. 智能容性设备的通信和信息交互功能

除以上功能外，智能容性设备还应具备通信和信息交互功能。通信方式采用 RS-485CAN、光纤和 GPRS 等，通信规约应符合 IEC 61850 协议，满足与监测主机及信息一体化平台交换数据的实时性和可靠性要求。智能容性设备通过网络连接进行信息传播，可获取其他设备监测到的设备运行参数和环境信息，对于需要测量的物理量直接应用，避免了对同一监测参量的多次测量，并提高了数据计算的精确度。

二、智能终端的要求

（一）智能终端的技术要求

装置要保证安全可靠，使用宽温芯片，功率要小。装置 MTBF 时间应大于 50000h，有超过 12 年的使用寿命。

装置结构应该模块化、标准化等；使用的板卡要便于后期维护和更换，不需要断电也能插拔；当其中一个模块需要维修或停止工作时，其他模块要能正常运转。

装置电源模块要适应现场的运行环境，最好是工业级或军工级别的产品；在电源端口要安装过电压保护或浪涌保护器，防止外来干扰。

装置内部的 CPU 芯片和电源功率芯片要能够自动散热。

装置应用的继电器要有较好的密封性，功率小，最大限度地减少功耗和发热，保证安全可靠；装置内的所有插件要可接触，在检查维修时便于更换。

装置开关量外部输入信号最好是（DC）220/110V，进入装置内部要使用多

模光缆，接口统一使用 ST 型。

无论遇到什么样的流量冲击，装置都不能死机或重启，也不能发出错误信息，发出正确信息的时间应该在 1ms 以内。

装置的 SOE 分辨率不能大于 2ms。

装置控制操作输出要保证百分百正确率。

（二）智能终端的功能要求

智能终端能够采集开关量和模拟量，输入量点数要结合具体情况，可以灵活设置；采集开关量输入，最好使用强电方式；模拟量输入接收的电流量应该在 4~20mA，接收的电压量应为 0~5V。

智能终端还可以输出开关量，具体输出量点数需要结合工程实际情况；继电器输出接点容量要符合现场需求。

智能终端可以控制断路器，能结合工程情况选择不同的控制模式。

智能终端要能够操作断路器，包括分/合闸回路、合后监视、重合闸、监测操作电源等。断路器本体操作机构要具备断路器防跳功能，当三相不一致时启动保护功能，还要具备压力闭锁功能。

智能终端要能够转换信息并进行通信，当需要上传设备信息时，能够采用 GOOSE 方式，与此同时接收二次设备的控制命令，这样就完成了对一次设备的控制。

智能终端要能够记录 GOOSE 命令，将收到命令的时间、命令来源及出口动作时间等记录下来，而且要便于查看。

智能终端最少要有 1 个本地通信接口和 2 个 GOOSE 接口，后期如果工程需要还要能增加接口；如果有必要，要能够设置 1 个上传监测信息的 MMS 接口。通信规约要遵照 DL/T 860 标准。

智能终端 GOOSE 的单双网模式可以自由切换，接口最好保持统一。终端安装的地方要留有压板，作为出口和用于检修。

智能终端要能够闭锁并发出警告，警告内容主要包括电源和通信中断、各种异常情况、GOOSE 断联等；在装置面板上，要安装报告装置异常和直流消失信号的指示灯。

智能终端要能进行自我诊断，装置在进行自我检测时产生的信息要能够自动输出，进行自我检测的项目主要有出口继电器线圈、控制回路断线等。

随时采集状态监测信息也是智能终端必须具备的功能，要能接收传感元件发出的温度、湿度、压力、密度、绝缘、工作状态等信号，传感元件主要安装在一次设备和智能控制柜中；此外，还要能够用 MMS 的方式上传一次设备的状态信息。

主变本体智能终端具备本体信息交互功能，还有出口接点用于闭锁调压、启动风冷和充氮灭火等，还要能够非电量保护：启动非电量保护信号应该由大功率继电器实现，通过控制电缆以直跳的方式进行非电量保护跳闸。

三、测控装置的要求

（一）测控装置的技术要求

（1）装置应具备高可靠性，所有芯片选用微功率、宽温芯片，装置 GOOSE 信息处理时延应小于 1ms，MTBF 时间大于 50000h，使用寿命应大于 12 年。

（2）装置应是模块化、标准化的插件式结构；大部分板卡应容易维护和更换，且允许带电插拔；任何一个模块故障或检修时，应不影响其他模块的正常工作。

（3）装置电源模块应为满足现场运行环境的工业级产品，电源端口必须设置过电压保护或浪涌保护器件。

（4）装置内 CPU 芯片和电源功率芯片应采用自然散热。

（5）配置的软件应与系统的硬件资源相适应，宜配置必要的辅助功能软件，如定值整定辅助软件、在线故障诊断软件、故障记录分析软件、调试辅助软件等。

数据库应考虑具有在线修改运行参数、在线修改屏幕显示画面等功能。软件设计应遵循模块化和向上兼容的原则。软件技术规范、汉字编码、点阵、字型等都应符合相应的国家标准。

（6）网络通信介质宜采用多模 1310nm 型光纤或屏蔽双绞线，接口应统一采用 ST 光纤接口以及 RJ-45 电接口。

（7）在任何网络运行工况流量冲击下，装置均不应死机或重启，不发出错误报文，响应正确报文的延时不应大于 1ms。

（8）装置的 SOE 分辨率应小于 2ms。

（9）装置控制操作输出正确率应为 100%，遥控脉冲宽度可调。

（二）测控的功能要求

1. 测控单元

（1）测控单元要具备多种功能，如交流采样、防误闭锁、同期检测、就地断路器紧急操作、显示单接线状态等，并采集、处理和上传所有运行设备的信息。

基本功能如下：①将模拟量收集起来，接收并发送数字量；②对各种命令，如遥控命令、复归命令、遥调命令等，要具备选择、矫正、执行功能；③能够检测合闸；④能够进行本间隔顺序操作；⑤按照事件顺序记录；⑥设置功能参数；⑦遥控回路最好使用两极开放的方式，抵挡干扰。

（2）根据 DL/T 860（IEC 61850）标准组建测控单元，测控单元要能够进行自我描述，与变电站层设备直接交流。

（3）测控单元和过程层设备通信时应满足相关协议规定的数据格式，如 IEC 61850-9-2、GOOSE 协议等，能够识别数据的有效性，进行闭锁，并将警报上传。

（4）测控单元要能够根据 GOOSE 协议进行间隔层防误闭锁。

（5）测控单元要具备不同的接口，GOOSE 接口、SMV 采样值接口和 MMS 接口最少要有两个。如果采样值与 GOOSE 传输采用同一个网络，那么最少要有两个采样值接口和两个 MMS 接口，且必须是独立的。装置还可配备一个调试口，这一调试口可以与 MMS 接口复用。

2. 装置

（1）装置要能够进行在线检测，并将检测信息上传，与自动化系统状态监测对接。

（2）当装置出现异常、电源消失时，本身要能够发出信号，其中装置电源消失信号要能输出报警触点。在装置面板上，装置异常和电源消失信号应该有对应的显示灯。

（3）万一直流工作电源消失，装置的主要活动信号和事件报告要能保留下来。当电源恢复后，再正确显示并输出。

（4）为了方便维护装置，要能够显示当地信息，能够及时反映本间隔一次设备的分/合状态，还要具有电气单元的模拟接线图。

（5）测控单元可以设置检修状态。

（6）测控单元只保留检修硬压板，如果有操作界面，则不需要操作把手。

（7）装置要能够接收 IEC 61588 或 B 码时钟同步信号，且时间精确度误差要小于±1ms。

第三节　智能变电站的智能控制技术分析

一、顺序控制分析

顺序控制操作也称程序化操作，是一种可以按单个操作任务指令，根据预先规定的操作逻辑和“五防”闭锁规则，完成一系列电气单元连续自动控制，最终改变系统运行状态的过程。[1]变电站的电气设备顺序控制，是指依照设定好的操作程序和“五防”闭锁规则，利用自动化系统逐一发送的操作指令，自动按程序采取相应的断路器和隔离开关等操作，达到调整系统运行流程的目的，最终使变电站的电气设备实现从运行、热备用、冷备用及检修等不同状态的任意切换。

操作人员处理复杂操作工作的过程，离不开变电站的顺序控制。传统的操作票在它的作用下，转型成为任务票，使以往相对复杂的操作能够单键处理，操作全过程解放了额外的人工部分，在有效提升操作效率的同时，降低了操作失误带来的隐患，增强变电站的供电安全性，减少因人工操作所消耗的非必要的停电时长，为大型高电压变电站带来的增益尤为突出。全面广泛应用变电站顺序控制技术，已经日益成为当代变电站自动化系统的前沿发展导向。

（一）顺序控制的范围及对象

1. 顺序控制的操作范围

（1）顺序控制应能完成相关设备“运行、热备用、冷备用”三种状态间的相互转换。

（2）线路保护装置分相跳闸出口、永跳出口软压板，主保护、后备保护、重合闸、闭锁重合闸、启失灵等功能软压板的投退；具备遥控功能的二次保护软压板的投退和装置定值区切换操作。

（3）具备遥控功能的交/直流电源空气开关的操作。

（4）断路器“由运行转备用”或“由备用转运行”操作中穿插的“取下或投入 TV 低压侧熔断器”“断开或投入操作电源开关”等操作不宜列入顺序控制范围。

（5）设备检修过程中的分/合操作不应列入顺序控制操作范围。

（6）主变压器、消弧线圈分接头调整等直接遥控操作，不宜列入顺序控制操作范围。

2. 顺序控制的操作对象

（1）线路断路器、母联（分段、桥）断路器。

（2）隔离开关、接地开关。

（3）母联断路器操作电源。

（4）主变压器各侧断路器、隔离开关、接地开关。

（5）站用变压器各侧断路器、隔离开关、接地开关。

（6）母线隔离开关、接地开关。

[1] 陈磊.顺序控制技术在 220kV 公园智能变电站的应用［J］.科技与创新，2017（19）：141.

（7）35（10）kV 开关柜内隔离开关、接地开关不宜列入顺序控制。

（二）顺序控制的实现方式

顺序控制的运用方式分为两类：一类是集中式；另一类是集中式与分散式并用。其中，集中式主要通过以监控主机、通信网关机为主体的路径来完成。即通过监控主机、通信网关机实现操作票的解析，并依照操作流程，分别对测控装置下达操控指令，从而实现顺序控制操作。而集中式与分散式并用则主要通过单间隔的顺序控制操作，由规定间隔范围内的测控装置来完成。集中式的适用范围还覆盖了跨间隔的顺序控制操作。

1. 集中式顺序控制的流程

集中式顺序控制流程中，执行端指顺序控制主要执行载体，监控主机或通信网关机；客户端指变电站端、调控中心或其他主站系统的顺序控制命令发起端。

2. 集中式与分布式相结合的顺序控制的流程

集中与分布结合式顺序控制流程中执行端指顺序控制主要执行载体，主要指监控主机、通信网关机及各间隔测控装置；客户端指变电站端、调控中心或其他主站系统的顺序控制命令发起端。

（三）顺序控制的功能要求

1. 操作身份验证

在变电站端、调控主站端或其他主站端执行顺序控制操作时，应进行身份验证，且应在正确输入操作员姓名、职务及密码后才允许操作。并应以文档的形式记录操作员的职务、姓名、操作时间、操作内容、操作结果。

2. 操作票导出与存储

操作票导出可采用三种形式：从历史数据库中导出、从操作票系统中导出、人工导出。

（1）从历史数据库存中导出指事先将已经过实践操作验证过的操作票存入历史数据库中，需要时将其调出。

（2）从操作票系统中导出指当接收到顺序控制命令时，由顺序控制系统自动触发操作票系统开票，导出操作票。

（3）人工导出指当操作较复杂，历史数据库及操作票系统均无法导出操作票或导出的操作票有误时，人工编写或修改操作票的形式。人工导出的操作票应经过审批后方可执行。

人工编写的或操作票系统导出的操作票经验证后，可存为历史操作票。

3. 顺序控制操作预演

应具备预演操作功能，并以图形的形式实时显示主接线及相关设备的状态变化情况。预演操作须经过“五防”判断。预演结束后应返回预演结果，预演失败时应简要说明失败原因。

4. 遥控功能

顺序控制系统对相关设备的遥控方式有两种：通过监控主机遥控或直接通过测控装置遥控。系统应能记录操作顺序，当完成一步遥控操作后，自动进入下一步。应能采集相关设备的状态信息。操作结束后应返回结果，操作失败时应简要说明失败原因。

5. 人工干预

顺序控制操作完成一步后，系统应进入等待状态，等待时间长短可人工设置。等待时间内须经过人工确认后才能进行下一步，等待时间过完后系统默认进入下一步。应设置暂停按钮，可在任意时刻暂停顺序控制操作。

6. 报警急停

顺序控制操作过程中应能实时监视相关设备或装置的状态。顺序控制操作过程中出现故障或告警时，可人工设置系统响应。默认状态下顺序控制操作过程中故障不操作，出现告警信号仍可继续操作。

7. 状态返校

可通过人工设置选择顺序控制操作前后是否对相关设备或装置进行状态校核。对于需要返校的情况，应同步显示或上传校核结果。对于断路器、隔离开关及接地开关的位置状态校核，应采用双位置遥信互校。

8. 数据上传

对于站端、调控端和其他主站端的顺序控制操作，应在每一步操作完后，及时将相关设备或装置状态变化情况分别上送至站端监控主机、调控中心和其他主站端。

9. 操作记录

当执行顺序控制操作时，系统应以文档形式自动记录命令源、操作人姓名、职务、操作时间、操作内容、操作结果信息。操作记录可供查询、删除，不能被修改。操作记录查询、删除应进行权限管理。顺序控制服务对于控制操作的过程，具备详细的日志文件存储，为分析故障以及处理提供依据。

二、智能防误操作分析

基于调控一体化下的调度智能防误操作管理，是以智能电网调度技术为基础，将电网智能化技术管理融入现代企业的现代化管理理念，实现智能调度技术与电网调度操作管理的有机结合。[1]变电站自动化系统原则上应当具备全站防误操作闭锁的基本属性。在智能变电站广泛应用及电网智能化程度日益增强的当下，在科学的防误手段中，计算机监控防误正扮演着越来越重要的角色。

智能变电站监控系统和防误系统所供给的功能属性，在计算机监控防误操作系统上得以同时体现。在实现防误操作这一课题上，以合理运用智能监控系统所采集到的断路器、隔离开关等数字量信号为依托，将相关电压、电流等模拟量作为逻辑闭锁的判定依据，进一步强化了操作防误功能。有了覆盖全面的监控系统网络，智能变电站能够更好地为计算机监控系统达成全站防误操作闭锁这一目的起到强有力的支撑作用，使更多安全、可控的方法应用到防误操作闭锁的技术层面。

（一）计算机监控防误操作系统的组成

计算机监控防误操作系统，涵盖了监控防误主机、测控装置、监控系统网络、防误锁具、防误系统软件等内容。

其中，系统的核心在于监控防误主机，主要用来监视变电站设备，以及实现管控和逻辑判断。监控防误主机被赋予了全站防误闭锁逻辑，能够实现分步操作的逻辑判别，准确接收来自设备采集的数字量和模拟量的信息传送，同一时间解析并完成监控防误主机给出的指令任务。防误锁具涵盖了刀闸电磁锁、接地电磁锁以及网门电磁锁等多种类型，采集手动设备位置信息及强制闭锁等操作可以轻松完成。

（二）测控装置防误闭锁的功能

在准确判别本间隔电气回路闭锁条件的同时，测控装置还具备判别其他跨间隔的相关闭锁条件的功能，不仅能够完成相应设备状态的判别任务，还能判别所采集的模拟量。

装置每个出口对象的分闸、合闸逻辑具有独立的防误闭锁逻辑。当装置收到遥控操作命令时，检查相应的防误闭锁逻辑，满足条件才允许出口，否则禁止出口。

1. 自动输出操作

自动输出时，测控单元一直进行闭锁规则检查，当条件满足，则手动闭锁接点闭合；否则，手动闭锁接点分开。

---

[1] 宋元江，杨成华，谭乐，等.基于调控一体化下的调度智能防误操作管理［J］.电子制作，2015（1）：219.

2. 遥控输出操作

防误闭锁接点在通常情况下是断开的。使用者在有实地手动操作的需求时，能够利用当地后台进行监控，提前开展防误操作演练。操作顺序会被当地后台计算机完成采集，并顺次给对应的测控装置提供合上防误闭锁接点的指令任务。收到指令后，对防误闭锁逻辑进行判别，在满足条件的情况下，将相应的防误闭锁接点合上。若成功完成操作，将给刚才的测控装置提供闭锁接点断开的命令任务，然后依次给后面一个操作对象对应的测控装置提供闭锁接点合上的指令任务，启动下一项操作内容。

通过上述工艺完成变电站的当地手动操作，首先能够完成电气闭锁操作，其次还能避免操作人员误入间隔，最后还能解决专门的微机“五防”中的“走空程”问题。专门的微机“五防”系统如闭锁当地操作，一般都会采用编码锁来完成，避免出现一把微机钥匙按操作依次开锁问题，此种操作下的各机构之间缺乏机械上的物理沟通，与强制闭锁存在本质区别。从微机钥匙开锁，到采取下一步操作，过程中不对机构采取任何操作，就会引发“走空程”问题。而“走空程”问题，往往就伴随着发生误操作事故的隐患。当地手动操作被监控系统的测控装置闭锁，而一个操作又尚未结束，反映一次设备始终保持着相同的状态量信号，此时下一项操作将被监控系统禁止，从而使操作的准确性和安全性得到提升。

（三）计算机监控防误操作系统功能

除了具备独立微机防误系统开票及预演、逻辑判断、告警闭锁等功能外，计算机监控防误操作系统还具备以下几项个性化功能：

（1）能够与计算机监控系统共享图形、数据库和实时信息等内容。相较于使用独立微机的防误系统，计算机监控防误操作系统过滤掉了微机防误系统与监控系统之间运算量巨大的信息和图形校对工作，确保防误系统能够实时更新数据，还能充分利用监控系统的信息资源，增强防误闭锁逻辑。

（2）操作票可在与模拟预演合一的计算机监控防误主机当中生成，同时还能完成防误逻辑的校验工作。通过监控系统图形可直接对操作票进行模拟预演。

（3）与监控系统共享图形库，省略了两个系统之间无通信环节和中间转换环节，无须厂家对接配合。防误监控系统便于安装和使用，日常操作维护方面投入小。

（4）电气防误闭锁功能可同时适用于站控层、间隔层、就地三种操作模式。当站控层后台机综合所有断路器及隔离开关位置状态信息的情况下，采取逻辑判别及闭锁，达到控制全站设备综合操作闭锁目的；防误闭锁逻辑软件已经完整设置在间隔层 I/O 测控单元，从而间隔层电气设备的综合操作闭锁完成；配备了微机“五防”装置加监控 I/O 单元辅助闭锁出口的就地操作设备，隔离开关电气闭锁完成。

（5）站控层的防误闭锁逻辑，间隔层同样具备，且独立于前者。即便是在站控层监控防误主机出现故障的情况下。间隔层的防误闭锁功能可持续运转，除对本间隔进行基本的防误闭锁外，间隔测控装置还能利用 GOOSE 准确采集其他间隔的有关闭锁信息，达到依托于间隔层的全站防误闭锁站控层故障的情况下，间隔层依然可以对全站的断路器切断电源进行控制联闭锁的目的。

（6）电压及电量作为模拟量，加入防误逻辑判别，有效防止因位置触点断线或传动机构断裂等原因导致的误判断，在很大程度上增强了防误闭锁功能。

（四）全站防误闭锁功能的执行

应在遥控操作之前进行操作预演，系统会依照防误逻辑结合各设备当前状态信息，对相关模拟量进行分析，逻辑判别当前操作。未达到逻辑条件时，将会终止模拟操作，并给出提示，发出语音报警；达到逻辑条件时，将会按顺序对下一步进行模拟，直到操作预演成功完成为止，同时操作票能依照使用者的需要而生成。进而监控系统才可给出操作指令任务，并且主机的防误逻辑判别和操作票顺序判断都必须对每一步操作把关，并传达给测控装置，再通过测控装置的防误逻辑判别，利用 COOSE 网发到就地智能单元进行分/合闸指令操作，最终返回监控防误主机接收结果。

基于此，通过测控柜完成就地操作，测控装置必须对手动分/合闸指令进行防误逻辑判别，如果此时给出新的分合闸指令任务，相关操作需利用 GOOSE 网发到就地智能单元来进行。

（五）防误闭锁的全面性

实现防误闭锁的全面性，是智能化变电站防误闭锁的一大重点。闭锁的全面性若得不到保障，或将引发误操作风险。防误闭锁的全面性主要体现如下方面：

（1）变电站运行、操作、检修等各环节均离不开防误闭锁，若某一环节防误功能出现损坏，影响范围并不会波及整个防误操作。

（2）各种手动和电动设备均离不开防误闭锁，即便某一设备类型少，或是闭锁困难，对其他设备的闭锁措施也不能缺失。不仅涉及断路器以及隔离开关等一次设备，还包括可能产生误操作的临时接地线、网（柜）门等。此外，无论是在远方、站控层、间隔层，抑或在设备级层上进行电气设备操作控制，无论是对单一设备抑或程序化操作，采取防误闭锁措施都必不可少。

三、电压无功综合控制分析

电压无功综合控制装置是近年来在电力系统领域应用的新设备。目前有三种主要实施方法：后台机软件方式、专门的电压无功综合控制装置（与自动化系统相连），以及自带输入/输出系统的综合控制系统。

后台机软件方式，简称 VQC，是依赖于变电站自动化系统后台计算机的控制方式。作为后台监控系统的一个子模块，通过利用遥测和遥信信息，并运行算法软件来实现变电站电压和无功的自动控制。相比其他方式，它节省了专门的硬件设备和铺设的电缆，降低了成本和维护、调试的工作量。然而，它的功能依赖于上位机系统和通信网络，容易受到人为操作和死机等异常现象的影响，且因需要自动化系统后台机和通信网络处理的开关量、闭锁量和模拟量信息，动作速度、VOC 反应速度相对较慢。

专门的电压无功综合控制装置通过网络与自动化系统连接。它配备了专用的硬件插件，并增加了一些电缆。优点主要是动作不完全依赖于自动化系统的后台机，可以独自使用模拟量判断，因此动作速度较快。然而，闭锁量和动作出口仍然通过后台机和通信网络实现，从某种程度上来说，受到后台机和网络的限制。此外，对于一些专门的电压无功控制插件装置，每个变压器和电容器组都需要配备一套装置，而且在两台变压器一起运行时，需要共同使用两套专用装置，否则可能会出现操作错误等问题。

自带输入/输出系统的综合控制系统完全独立于自动化系统的后台机和通信网络。它集成了输入/输出系统、计算和判断功能。所有的闭锁信号都由相应的硬接点输入，因此动作速度比其他方式更快，并在不局限于后台机和通信网络的情况下具有较高的可靠性。然而，相对于后台机软件方式和网络方式专门插件装置，系统的信息共享程度较低，需要敷设更多的电缆，闭锁等模拟量需要使用单独的硬接点，因此系统相对较大。①电压优先时，电压无功综合调节不仅可以调节电压还能投切电容器；②检电压仅改变变压器的分接开关；③电容器仅被检电压投切；④电容器仅被检无功投切；⑤综合检测仅被检电压投切。

在这些控制方式中，综合调节是基础，其他控制方式只针对其中的一项，例如调节变比或投退无功补偿装置。

随着无人值班变电站的逐渐增加，变电站综合自动化系统逐步完善，功能也变得更强大。利用变电站综合自动化的监控系统和软件实现电压无功功率控制（VQC），成为监控后台的重要功能之一。相比传统的专门硬件控制方式，利用软件进行 VQC 具有节省投资、编程灵活和方便升级的优点。

四、层次化保护分析

新一代智能变电站层次化保护控制系统旨在基于跨间隔、跨变电站信息，实现最优保护控制策略，其中，信息共享和高可靠的通信网络方案是其重要支撑技术。[1]数字化技术、高性能微处理器、高速通信网络的应用，为站域保护控制和广域保护控制设备的应用提供了可能。层次化保护控制系统综合应用电网全网数据信息，实现了保护控制从单点信息向多点信息的转变，从面向元件向面向系统的转变，从面向对象向面向功能的转变，提升保护可靠性、灵敏性与选择性，适应电网发展需求。

（一）层次化保护的控制系统

层次化保护控制系统是一种多维度的继电保护系统，基于全网信息并采用多原理、自适应的故障判别方法，协调配合实现时间、空间以及功能以提升系统安全稳定运行能力以及继电保护性能。该系统从体系架构上划分为就地层、站域层和广域层 3 个层次，三者协调运行，形成了多维度的站域层及广域层保护为补充，就地层为基础的继电保护体系。

就地层保护是指针对单个保护对象的保护功能，其功能配置需符合继电保护相关规范。该保护系统的接入信息仅来源于被保护对象所在的间隔，能够快速可靠地切除故障。

站域层保护则针对变电站进行保护控制，可以利用全站多个对象的电压、电流、开关和就地保护状态等信息进行集中决策，实现保护的冗余和优化。此外，站域保护作为广域保护服务子站，不仅提供站内采样值和开关量信息，还能接收、转发广域保护主站发出的控制命令，为广域保护提供支持。

广域层保护则面向多个变电站，基于各站的综合信息，实现相关保护及安全稳定控制等功能。三层保护协调配合，构成以就地层保护为基础，站域层和广域层保护为补充的多维度层次化继电保护系统，保障电力系统的高效、可靠运行。

（二）层次化保护的配合关系

层次化保护控制系统通过就地层、站域层和广域层的保护装置，实现对电力系统的多层次防护。就地层保护针对单个元件予以保护，独立于站域层和广域层层保护，并且遵循现有保护配置。站域层保护控制主机通过接入站内各电压等级过程层网，综合全站信息实现保护控制功能。广域层保护控制主机布置在枢纽变

---

[1] 张新昌，张项安. 层次化保护控制系统及其网络通信技术研究［J］.电力系统保护与控制，2014（19）：129.

电站，通过广域通信网络接入各站信息，实现后备保护和安稳控制功能。这些层次化保护控制系统在时间、空间和功能维度上协调配合，形成立体防护体系，以确保区域电网的安全稳定。

在时间维度上，就地层保护是第一时限保护，快速且与其他保护环节相关联较少。就地层保护动作时间通常在 0~20ms。同时，站域层保护和广域层保护也进入判别阶段，如果故障能够被成功切除，则站域保护和广域保护自动返回；如果就地层保护未动作，站域层保护根据站域信息判断来实现故障切除。如果站域层保护仍未动作，则广域层保护负责实现故障切除。广域层保护的跳闸延时较站域层保护动作时间更长，根据规定，广域层控制的时间限定为 0.1~100s。在极端情况下，例如变电站直流失效导致站域和就地层保护全部失效，广域层保护通过跳闸其他变电站来实现故障切除。

在空间维度上，就地层保护实现针对单个对象的贴身防护，站域层保护利用站内信息实现综合防御，而广域层保护利用站间信息实现全网综合防御。这种点面结合的层次化保护控制系统能够全方位保护区域电网。

就地层保护和站域层保护是继电保护系统中的两个重要组成部分，它们的保护功能不依赖于外部通信通道，能够快速、可靠地隔离故障元件，并利用单个或全站信息独立或集中决策，实现对元件的保护控制。站域层保护旨在优化保护控制配置，提升保护控制性能，利用全站信息进行集中决策，实现灵活、自适应的母线保护、失灵保护、元件后备保护以及自投、低周/低压减载等控制功能。广域层保护作为继电保护系统中的重要组成部分，旨在提高系统安稳控制的自动化和智能化水平。广域层保护主要基于各站的综合信息，实现相关保护及安全稳定控制等功能。它能够利用区域内各变电站的全景数据信息，实施广域后备保护、保护定值调整和优化安稳控制策略，实现区域内保护与控制的协调配合。

然而，广域层保护控制依赖于光纤通信进行站间数据交换，其可靠性受限于光纤通信网的可靠性。在极端情况下，广域层保护可能部分或完全失效，但作为整个保护系统性能提升的有效补充，广域层保护控制系统的失效不会影响就地层保护和站域层保护控制功能。

（三）层次化保护的功能配置

1. 站域层保护控制功能配置

站域层保护是电力系统中的冗余保护措施，其主要作用是提高站内保护系统的可靠性。作为单套配置的就地保护元件，站域层保护在正常情况下扮演着站内保护系统的最末级保护的角色。同时，在就地级保护异常退出或检修时，站域层保护也能够起到保护功能的作用，完成退出的就地级保护所承担的保护任务。

因此，站域层保护的性能应该基本达到就地层保护的水平，以确保电力系统的稳定运行。在实际应用中，站域层保护还需要具备一定的冗余保护能力，以应对突发情况的发生。因此，站域层保护的设计和配置需要充分考虑电力系统的实际情况，以确保其能够有效地发挥作用。

（1）110kV 线路保护系统是电力系统中非常重要的一部分，它的主要作用是保护电力系统中的线路免受故障的影响。为了实现线路的高保护功能，该系统采集线路两侧的电流电压信息和开关信息，并在区域保护系统内进行处理。当发生路区内故障时，两侧区域保护系统内的距离元件会动作，借助广域网络向对侧发送允许信号。站域层保护系统的纵联距离模块根据接收到的允许信号，结合自己距离元件的动作情况，实现全线快速跳闸，从而提高保护性能。

除了线路纵联高保护功能外，该系统还实现了线路纵联零序保护功能。当发生线路区内故障时，两侧广域保护系统内的零序元件会动作，借助广域网络向对侧发送允许信号。站域保护系统的纵联零序模块根据接收到的允许信号，结合自己零序元件的动作情况，实现全线快速跳闸，从而提高保护性能。

综上，110kV 线路保护系统的作用非常重要，它能够有效地保护电力系统中的线路免受故障的影响，从而保障电力系统的稳定运行。同时，该系统还具有高保护功能和零序保护功能，能够快速响应故障，提高保护性能。

110kV 变电站是电力系统中非常重要的组成部分，承担着将高压电能转换为低压电能的重要任务。为了保证变电站的正常运行，需要对其进行保护。其中，110kV 变压器保护、110kV 母线保护和 110kV 失灵保护是变电站保护系统中的三个重要部分。

110kV 变压器保护主要采集 110kV 变电站内各台主变的各侧电流电压信息，完成主变的差动保护功能。一旦动作，它会跳开本变电站的各侧主变开关，并能够启动失灵保护的信号，这样可以有效地保护主变，避免因故障而对整个变电站造成影响。

110kV 母线保护则采集 110kV 变电站内 110kV 母线各支路的电流、母联开关电流以及各段母线的电压，完成母线差动保护功能。一旦动作，它会跳开本变电站内 110kV 母线各支路开关，并闭锁备投，闭锁重合闸，这样可以有效地保护母线，避免因故障而对整个变电站造成影响。

110kV 失灵保护则采集 110kV 变电站内 110kV 母线各支路的电流，并结合本侧变电站内的线路保护动作信号、变压器保护动作信号，经失灵延时后完成区域范围内的失灵保护功能。一旦动作，它会跳开本变电站内 110kV 母线各支路开关，并根据失灵线路分别发送失灵远跳信号。另一侧变电站接收到失灵远跳信号后，结合本侧保护的启动信号，完成远方跳闸功能。同时，它还会输出闭锁重合闸信号，此信号也可作为闭锁备投的信号。这样可以有效地保护变电站，避免因故障而对整个电力系统造成影响。

（2）站域后备保护。站域后备保护是一种高效的保护装置，它结合了变电站内多间隔的电流电压信息，并利用可配置的区域信息进行综合逻辑判断，从而提高保护装置的动作速度。同时，它还能够保证选择性，解决各种配合问题。当某一间隔保护回路元件（如互感器、合并单元、智能终端、断路器）发生故障时，站域保护会通过其他间隔电流电压信息进行故障判别，并通过扩大范围的断路器切除故障，从而提高后备保护动作速度。站域后备保护的优点在于能够快速准确地判断故障，并采取相应的措施，从而保证电力系统的稳定运行。此外，站域后备保护还具有灵活性和可靠性，能够适应不同的电力系统和工作环境。因此，它在电力系统中得到了广泛的应用和推广。

（3）优化控制类。电力系统是现代社会不可或缺的基础设施之一，为了保障电力系统的稳定运行，需要有效地保护和控制。其中，站域保护控制系统是电力系统中的重要组成部分，主要功能是获取变电站内多间隔电压、电流和开关位置信息，并通过分布协同利用或集中处理判断，实现站域各备投的协调工作，适应系统运行方式的要求。此外，站域保护控制系统还可以根据备后负荷变化，预先执行过负荷联切，减小备投动作后对系统的冲击。

在电力系统发生故障导致系统出现稳定问题或设备过载时，站域保护控制系统可以根据事故前系统运行方式与负荷情况实施优化的控制措施，切负荷时根据每个负荷线的重要程度不同，优先切除不重要的负荷，直至切负荷量满足要求为止。过载优化切负荷的方法可以有效地减小备投动作后对系统的冲击，保障电力系统的稳定运行。

总之，站域保护控制系统在电力系统中具有重要的作用，可以有效地保障电力系统的稳定运行。未来，随着电力系统的不断发展和升级，站域保护控制系统也将不断完善和优化，为电力系统的可靠性和安全性提供更加强大的保障。

2. 就地保护功能配置

就地保护面向单个被保护对象，利用被保护对象自身信息独立决策，实现可靠、快速地切除故障。主要包括线路保护、母线保护、主变保护、断路器保护、母联分段保护。

（1）线路保护。线路保护具体内容如下：

后备保护是电力系统中非常重要的保护方式，它的配合关系与系统运行方式密切相关。然而，由于系统运行方式的多样性，定值管理的工作量较大，定值整定人员需要根据系统运行的多个状态，整定多区定值，下发现场使用。因此，后备保护方式存在一定的局限性，一旦系统运行方式发生较大变化，可能还需要重新计算定值，这会给定值整定人员带来很大的工作压力。

为了解决上述问题，广域保护控制主机通过广域信息直接获取系统的运行方式，根据后备保护的配合需求，自动实时计算继电保护定值，并实时下发到继电保护装置。这种自适应定值的方式，一方面实现了继电保护定值的免整定，另一方面实现了继电保护自动适应系统运行方式，从而提高了电力系统的保护水平和运行效率。

（2）母线保护。母线保护具体内容如下：

母线保护是电力系统中非常重要的一项保护措施，作用是保护电力系统中的母线免受故障的影响。在母线保护中，双母线接线的差动保护是一种常见的保护方式，其应设有大差元件和小差元件。大差元件用于判别母线区内和区外故障，而小差元件则用于故障母线的选择。母线保护还应具备比率制动差动保护、大差后备保、母联死区保护、母联失灵保护、断路器失灵保护等功能。这些保护功能能够有效地保护母线免受各种故障的影响。

此外，母线保护还应具备母线保护复合电压闭锁、失灵保护复合电压闭锁等功能。这些功能能够确保母线保护的可靠性和稳定性。同时，母线保护还能够正确检测到 TA 断线，发出告警信号并采取相应的闭锁措施，从而保证电力系统的安全运行。

母线保护是电力系统中非常重要的一项保护措施，其功能和性能的稳定性和可靠性对电力系统的安全运行至关重要。因此，在电力系统的设计和运行中，母线保护应得到充分的重视和保障。

（3）主变保护。主变保护应包括差动速断、分侧差动、增量差动、差流越限等。高后备保护包括带偏移特性的阻抗保护、复压闭锁过流、零序过流、失灵保护等。中后备保护包括带偏移特性的阻抗保护、复压闭锁过流、零序过流、失灵保护等。低后备保护包括过流保护、复压闭锁过流等。公共绕组后备保护包括零序过流等。

（4）断路器保护。包括断路器失灵保护、三相不一致保护、死区保护、充电保护，具有自动重合闸功能，可实现单重、三重、综重和停用方式，设有可选择检同期、检无压、无检定方式。

（5）母联和分段保护。装置功能包括断路器失灵保护、三相不一致保护、死区保护、充电保护功能；具有自动重合闸功能，可实现单重、三重、综重和停用方式，设有可选择检同期、检无压、无检定方式。

第五章

智能变电站设备的典型异常及维护

第一节 智能变电站监控后台系统的异常维护

一、主变分接开关挡位显示不一致检查处理

2021年1月2日9时06分至1月2日9时13分，500kV某变电站2号主变三相有载调压分接头挡位从第10挡自动调节至第7挡，D5000系统通过历史报文分析这段时间主变挡位变化与站内监控系统历史报文挡位变化不一致。

（一）异常设备信息

500kV某变电站监控后台型号为某公司PRS7000D系统，D5000系统为某公司SG-OSS系统。

（二）现场异常情况

D5000系统某变电站分接头采样历史报文显示2号主变分接头挡位从10挡降至2挡后又升至11挡，最后下降稳定在7挡挡位，如图5-1所示。

某变电站监控后台遥信历史报文查询显示挡位切换及挡位分接头位置变化历史数据见图5-2~图5-5。

（三）现场检查情况

根据某变电站监控后台历史SOE报文，从1月2日9时06分至13分，有载开关正在切换动作复归一次就是一次调挡，对应BCD码都有变化，BCD码算

出来的挡位变换顺序为：10-9-8-7-6-5-4-3-2-1-2-3-4-5-6-7-8-9-10-11-10-9-8-7。

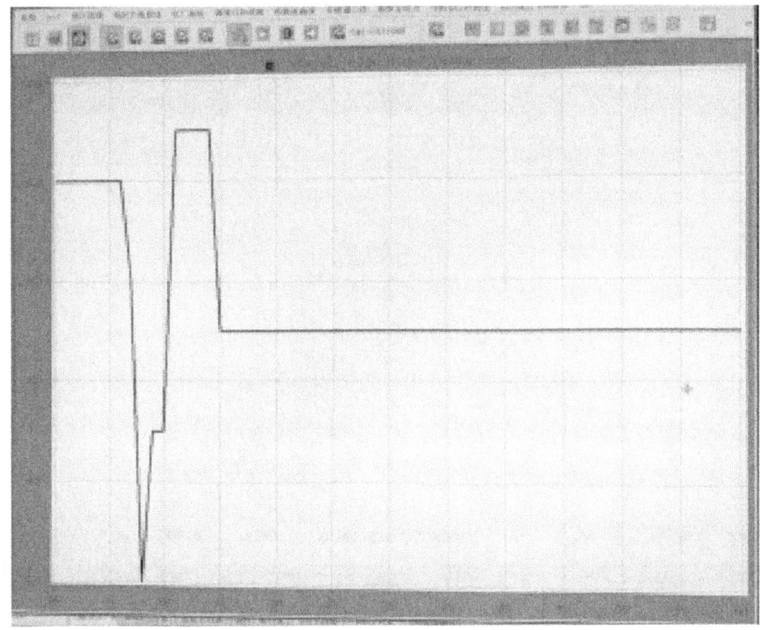

图 5-1　D5000 系统某变电站分接头采样历史报文

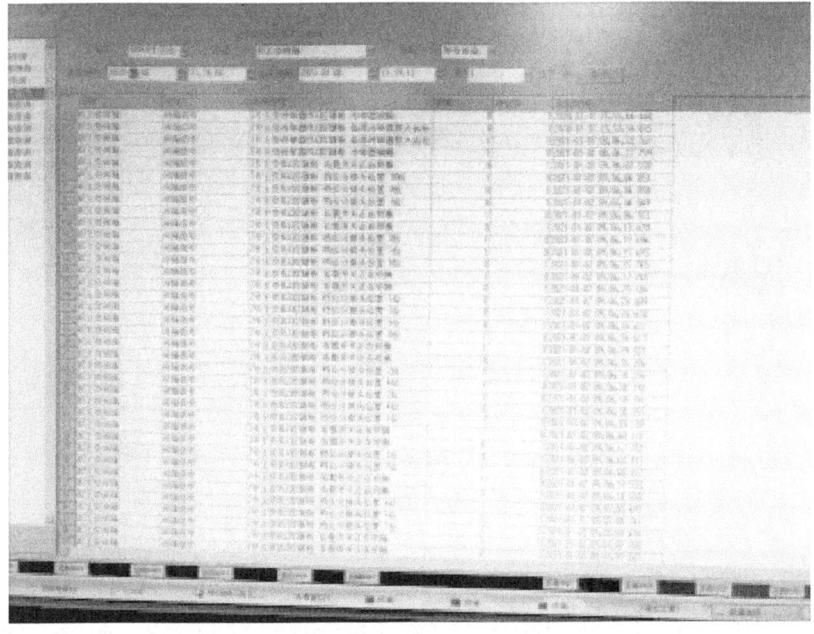

图 5-2　2 号主变 9 点 06 分至 07 分挡位变化信息

图 5-3　2 号主变 9 点 07 分至 08 分挡位变化信息

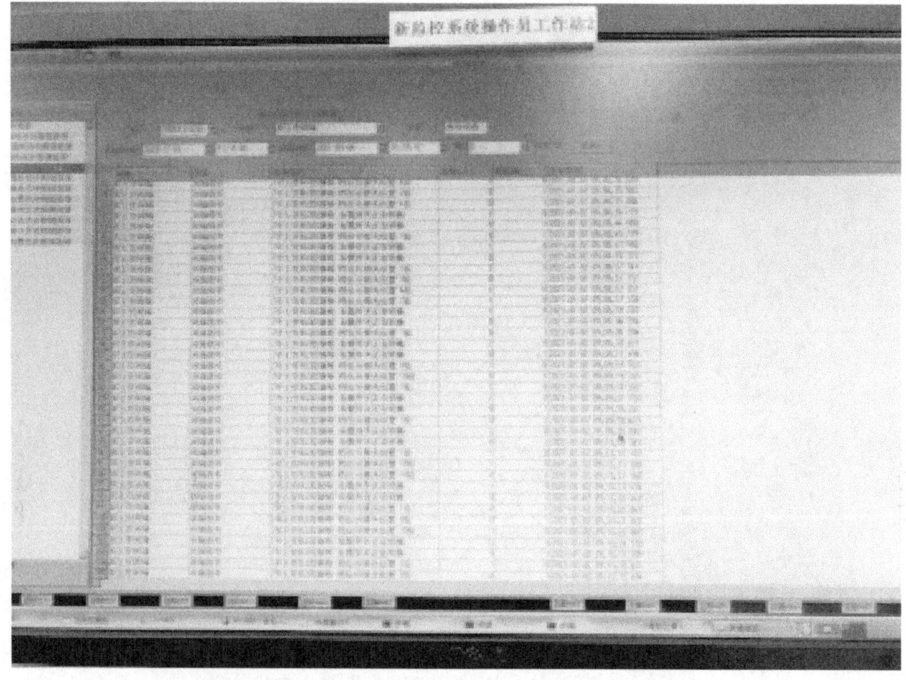

图 5-4　2 号主变 9 点 08 分至 13 分挡位变化信息

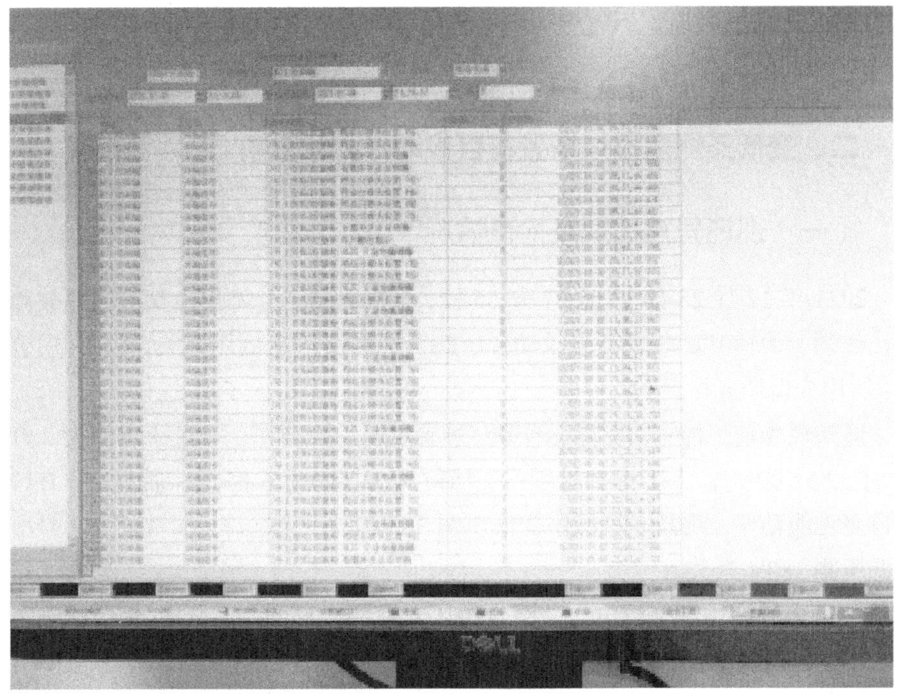

图 5-5　2 号主变 9 点 13 分至 21 点 43 分挡位变化信息

（四）原因分析及处理措施

监控后台检查发现后台无挡位变化历史曲线报文，只有遥信变位报文，主变挡位根据遥信变位 BCD 码上送至测控，测控将 BCD 码转换成遥测值上送至后台及远动装置，由远动装置上送给 D5000 系统。

监控后台 2 号主变挡位遥信采样值是实时记录的，挡位变化在 1 月 2 日 9 时 06 分至 13 分之间全部记录，变化情况均能在历史报文中查询，D5000 系统挡位记录为遥测值，且存在记录时间间隔因素，并不能实时记录挡位变化情况，在短时间多次挡位变化情况下，会存在漏挡记录情况，现场挡位判据应以现场遥信变位报文为准。

D5000 系统接收主变挡位为单一遥测值，都是测控通过 BCD 码转换，BCD 码转换规则固定，确定 D5000 系统可以接收主变 1 挡挡位信息。

（五）后续措施及建议

（1）D5000 系统也需接收挡位变化遥信信息，方便类似现象发生时可准确判别主变挡位变化情况。

（2）某变电站监控后台增加挡位变化遥测历史报表，方便与 D5000 系统核对挡位曲线信息。

二、变低压侧电压过压致备自投动作异常分析

（一）现场异常情况及检查情况

2021 年 12 月 25 日 13 时 01 分 56 秒，某变电站 2 号站用电交流电源故障告警，4s 后，2 号 IPC 装置备自投动作，跳开 2 号所用变低压开关，再 1s 后合上 0 号所用变低压Ⅱ段开关。

通知现场辅工检查，发现 2 号 IPC 装置过压告警动作，相过压定值为 250V。13 时 32 分 09 秒，人工将 2 号所用变挡位从 7 挡降为 6 挡，8s 后，2 号 IPC 装置自复功能动作，跳开 0 号所用变低压侧 380VⅡ段开关，再 1s 后合上 2 号所用变低压侧 380V 开关。

此时 2 号站用电交流电源故障告警还未返回，13 时 34 分 58 秒，人工将 2 号所用变低压从 6 挡降为 5 挡，13 时 36 分 21 秒，2 号站用电交流电源故障告警返回。

（二）原因分析及处理措施

由于监控后台所用变低压侧电压未做历史记录，可采用主变 35kV 母线电压及 2 号所用变低压挡位反推 2 号所用变低压侧 380V 电压。

2 号所用变高压侧 U_{ab} 电压如图 5-6 所示，根据 2 号所用变挡位电压比可算出低压侧电压，见表 5-1。

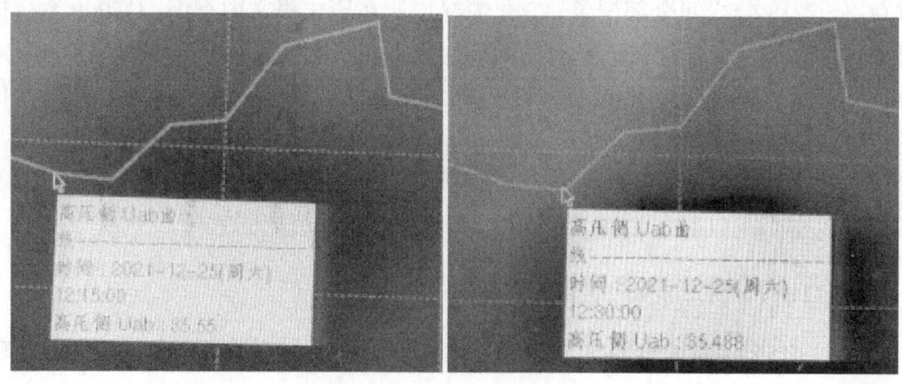

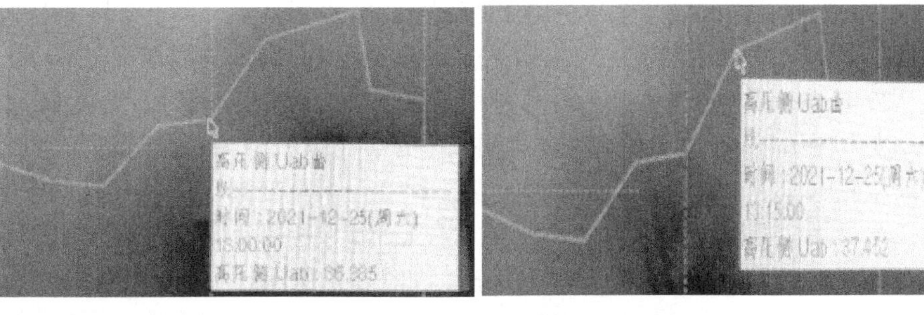

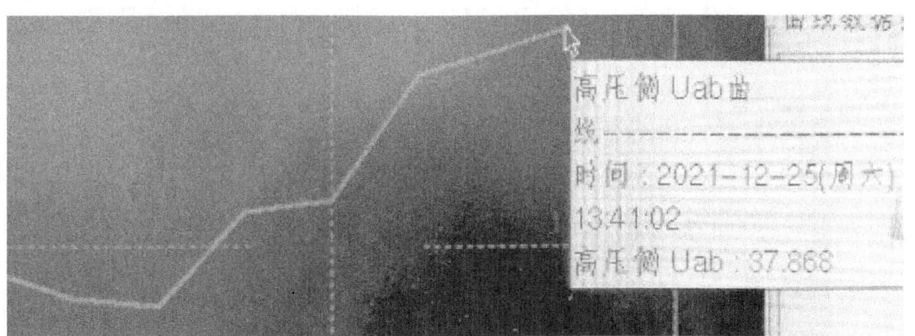

图 5-6　2 号所用变高压侧 U_{ab} 电压

表 5-1　2 号变挡位电压比可算出的低压侧电压

时间	高压侧 U_{ab}/kV	挡位	低压侧 U_{ab}/V
12：15	35.55	7	415.79
12：30	35.388	7	413.89
13：00	36.385	7	425.56
13：15	37.452	7	438.04
13：41	37.868	5	420.76

监控后台所用变 VQC 电压定值为 380～420V，即 13 时整，已经达到 2 号所用变降分接头定值，但 VQC 未动作，13 时 01 分 56 秒，省集控 AVC 自动投入 4 号主变 1 号电容器（60MVar，与 2 号所用变位于同一 35kV 母线）。此时，进一步抬高 2 号高压侧电压，导致 2 号所用变低压侧相电压超过 2 号 IPC 装置相电压过压定值 250V（折算到线电压为 433V），触发 2 号站用电交流电源故障告警，IPC 装置备自投动作，跳开 2 号所用变低压侧 380V 开关，合上 0 号所用变低压侧 380VⅡ段开关。

值班员发现所用变低压侧电压过高后，于 13 时 32 分开始降低 2 号所用变挡位分接头：第一次从 7 挡降低到 6 挡，2 号所用变低压侧电压恢复，2 号 IPC

装置自复功能动作，跳开 0 号所用变低压侧 380VⅡ段开关，合上 2 号所用变低压开关；第二次从 6 挡降为 5 挡，2 号站用电交流电源故障告警返回。

27 日进一步检查监控后台 2 号所用变 VQC 未动作的原因时，发现 1、2 号所用变电压不合理：2 号所用变高压侧电压为 34.63kV，挡位为 5 挡；1 号所用变高压侧电压为 35.65kV，挡位为 6 挡。即 2 号所用变高压侧电压低、挡位也低，2 号所用变低压侧电压也应该低，但后台显示 2 号所用变低压侧相电压 232.7V 比 1 号所用变低压侧相电压 221.8V 还高，如图 5-7 所示。

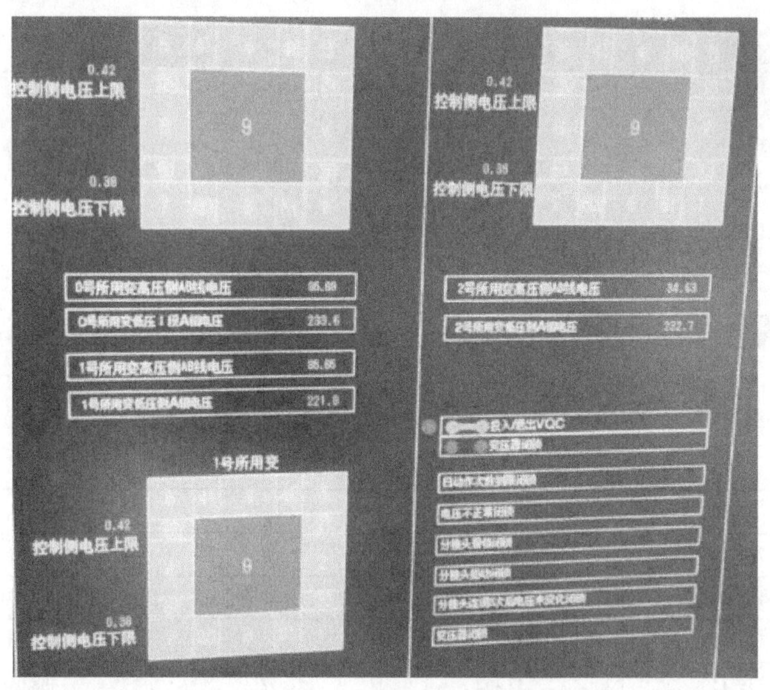

图 5-7　1、2 号所用变电压的情况

检查现场所用变低压开关屏和 D5000 上 1 号所用变低压侧相电压为 234.5V，2 号所用变低压侧相电压为 222.2V，遂判断监控后台上所用变低压侧电压参数。后台所用变低压侧电压由一体化电源装置上送，检查后台由一体化电源装置上送的 0 号充电机交流Ⅰ、Ⅱ线电压，显示的也是Ⅰ段电压低于Ⅱ段电压，且与实际电压有偏差，判断一体化电源装置上送的遥测死数，检查监控一体化电源装置通信状态指示正常，且 D5000 上的所用电遥测也由一体化电源装置上送，D5000 上所用电遥测正常，说明遥测死数是由于监控后台异常引起，遂在厂家人员的指导下对监控主机进行实时数据库和服务重启后，所用电遥测恢复刷新。

联系某变电站监控系统厂家（某公司）到现场调阅某变电站监控后台历史日志，发现 2021 年 12 月 25 日某变电站监控后台主机与交直流一体化系统 61850 通信模块间的通信进程出现中断，导致监控后台主机实时数据库中交直流一体化系统 61850 通信模块上送的所用电交直流数据不刷新，而交直流一体化系统 61850 通信模块上送调度 D5000 系统数据正常。厂家分析该现象应为监控后台主机客户端与现场 IED 设备服务器 MMS 通信中断的偶发现象，重启监控后台实时数据库和通信服务进程，让监控后台与交直流一体化系统 61850 通信模块重新建立通信连接后可恢复正常，该异常后续需进一步跟踪观察。

经过以上分析，得出结论，12 月 25 日的异常是由于所用变低压侧实际电压超出所用变 VQC 定值时，所用变 VQC 因所用电遥测死数，一直运行于电压合格范围区间，VQC 未动作，此时省集控 AVC 系统自动投入 4 号主变 2 号电容器，导致 2 号所用变低压侧电压达到 IPC 装置过压定值，IPC 备自投动作。

某变电站监控后台系统为某公司的 500kV 变电站孤版系统，系统运行稳定性较差，已多次发生监控后台遥测、遥信不刷新的问题，还需要厂家研发人员进一步彻查原因，同时建议监控后台增加遥测死数判据，在出现遥测数据不刷新时进行告警。

三、调度遥控不成功问题说明分析

500kV 某变电站采用某公司 NS3000V8 监控后台及 NSC332 远动装置。在 3 号主变保护测控改造验收期间，偶发调度遥控不成功情况。

经查远动装置记录发现，调度遥控不成功均为遥控选择成功、遥控执行超时，且遥控选择记录的时间与遥控执行记录的时间相差约 1h。

排查监控后台与远动装置对时情况发现，后台未接收 B 码对时或者 SNTP 网络对时，当时后台时间与对时装置时间相差约 1h，且后台会发送错误的网络对时报文；远动装置采用 B 码对时，与对时装置时间一致，但接收到错误的网络对时报文后，时间会发生跳变，重新接收正确的 B 码对时后时间恢复。

经分析，远动装置接收调度遥控选择和遥控执行命令期间，若远动装置时间发生跳变，相差约 1h，则远动装置自动判断该遥控命令超时，导致现场验收期间偶发调度遥控不成功情况。

现场将监控后台对时配置改为接收 SNTP 网络对时，且对时正确后，远动装置时间不再跳变，调度遥控恢复正常。

四、后台双机不同步问题说明分析

（一）异常情况说明

500kV 某变电站采用 NS3000V8 监控系统，V8.035 版本。本期 220kV 线路测控改造采用快速化替换技术方案，该方案须将后台机和远动机升级至 V8.051 版本。3 月 17 日工程服务人员到达现场开始后台机升级工作，在将后台 main1 机和 op1 机脱网后，后台 main2 机和 op2 机的数据库、画面均出现数据不一致情况，现场立即先将 main1 机和 op1 机重新挂网运行，数据恢复正常。

（二）问题分析

经查，在后台 main1 机脱网之前与 main2 机存在双机数据库不同步的问题。当后台 main1 机和 main2 机同时挂网运行时，main1 机为值班主机，main2 机的实时数据是读取的 main1 机数据库，在进行升级工作前，并未执行检查双机数据库是否同步的脚本程序，因此未能发现后台双机数据库不同步问题。在后台 main1 机脱网后，main2 机作为值班主机，后台数据出现与现场实际不一致的问题。

（三）整改措施

后台机升级至 V8.051 版本后，数据库中后台系统参数表新增加了双机数据库比较结果域，如图 5-8 所示。

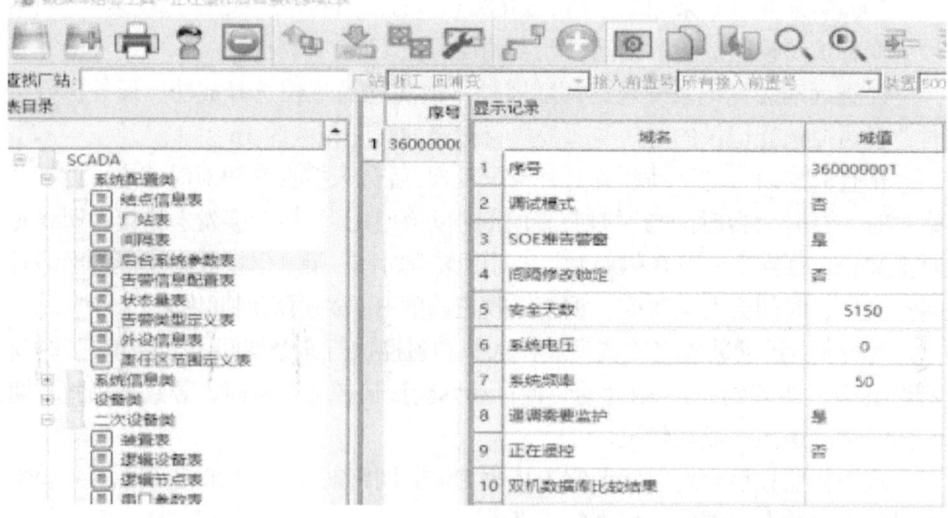

图 5-8 双机数据库比较结果域

并且可在后台机主画面上设置标示牌，关联数据库中该域显示双机数据库自动比对的结果，如图 5-9 所示。

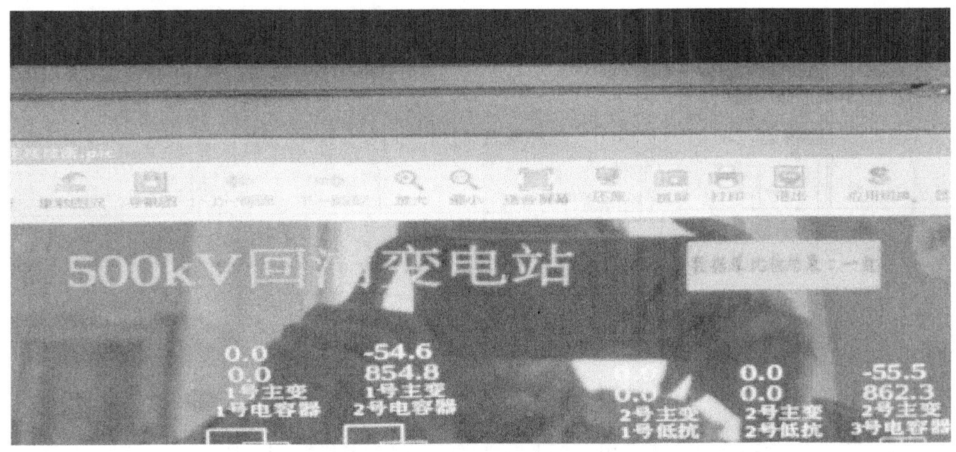

图 5-9　双机数据库自动比对的结果

该功能后续将结合变电站后台机升级工作同步进行，也需持续提升工程服务人员的技能水平，并将本次问题宣贯到位，避免后续再次发生类似事件。

第二节　智能变电站远动数据网设备异常维护

一、调度数据网 2M 通道中断分析

（一）异常简述

2022 年 3 月 16 日运检中心接到华东网调通知，500kV 某变电站调度数据网屏一平面的路由器妙西到瓶窑的 2M 通道中断，该通道在计算机室的调度数据网屏如图 5-10（a）所示，图（b）为调度数据网屏内装置，上面为一平面路由器，下面为屏内可调试端子。

（二）异常分析

根据现场检查，图 5-11 中路由器左侧接线为妙西到王店 2M 通道，右侧为妙西到瓶窑 2M 通道，其中显示妙西到王店的通道指示灯亮，妙西到瓶窑的通道

指示灯熄灭。分析可能异常原因为一平面路由器妙西到瓶窑 2M 通道到屏内可调试端子的同轴电缆即图 5-11 中标示部分的连接出现中断。

(a) (b)

图 5-10 某变电站调度数据网屏一平面路由器 2M 通道

图 5-11 2M 通道到屏内可调试端子的同轴电缆

（三）处置情况

2022 年 3 月 17 日，由运检四班开展某变电站调度数据网 2M 通道中断检修工作，具体流程如下：

（1）检修人员对调度数据网屏观察，首先观察装置部分即路由器并无异常，推测故障点在 2M 通道的同轴电缆及屏内可调试端子处。初步打算采用 2M 通道自环的处理方法来检查是否是同轴电缆引起的通道中断。

（2）进一步对 2M 通道到屏内可调试端子的同轴电缆观察分析，发现同轴电缆绑扎不牢固即图 5-12 标示部分，用绑扎带固定捋顺后发现妙西到瓶窑的通道指示灯亮，与华东网调 953123671 确认后确无异常，通道恢复正常。

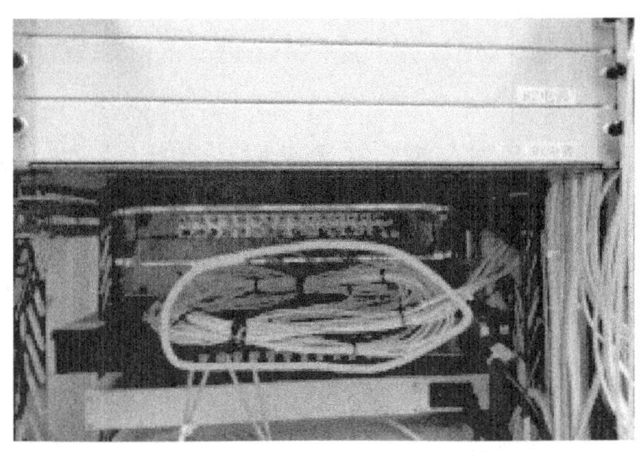

图 5-12　2M 通道到屏内可调试端子的同轴电缆绑扎不牢固

二、远动系统“强制合闸”点位关联错误分析

（一）异常简述

某变电站远动系统改造工作过程中，检修人员在调度主站端对老远动开展开关遥控“强制合闸”试验中，通过对新老远动装置在接收调度主站端“强制合闸”命令后发出的报文进行比对，发现某变电站老远动装置的“强制合闸”遥控点全部错误地关联到“自动同期合闸”遥控点上。如果在调度主站端进行“强制合闸”操作时，特定条件下将导致开关无法“强制合闸”，严重影响电力系统的正常运行。

（二）异常分析

某变电站老远动系统已经运行 11 年有余，老远动系统的型号为某公司 NSC300，改造后新远动系统的型号为某公司 NSC332。

调度主站端遥控开关操作方式分为“强制合闸”“同期合闸”“无压合闸”和“分闸”，其中“强制合闸”是指遥控开关时，不判别任何条件直接合闸；“同期合闸”是指遥控开关时，判别压差值、电压高于有压值、角差值、频差值和滑差值等均满足条件才能合闸；“无压合闸”是指遥控开关时，判别电压低于无压值等条件才能合闸。此外，“分闸”与“强制合闸”关联相同的信号点。

远动装置为实现各种条件下的运行操作需求增加了“开关自动准同期合闸”方式，即遥控开关时，当电压在低于无压电压阈值（一般为 30%UN）时进行无压合闸，当电压高于准同期有压电压阈值（一般为 70%UN）时进行准同期合闸，电压在高于无压值并且低于有压值时开关无法合闸，此种合闸方式仅在发电机并网时使用。

（三）处置情况

在调度主站端通过“强制合闸”方式遥控开关时，检修人员对报文进行了分析，如图 5-13 所示。

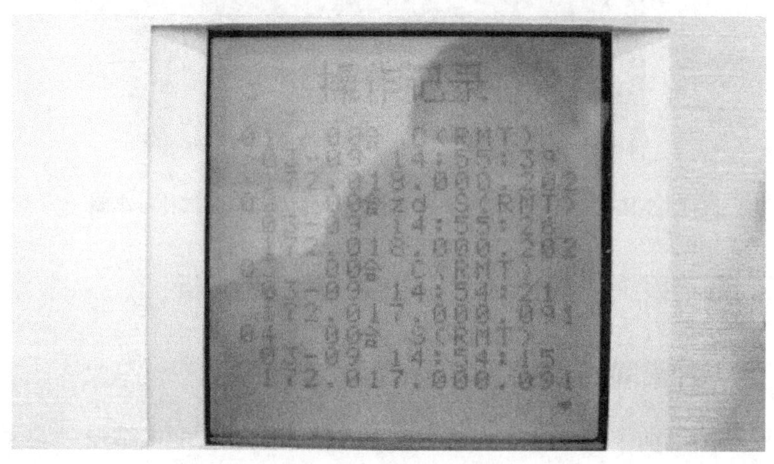

图 5-13 测控装置“强制合闸”报文显示

图 5-13 所示为测控装置面板上的“强制合闸”报文显示，“01”—“04”为报文序号，报文每 3 行为一组。以下为报文分析：

图 5-13 中“02”组报文，第一行“00”为控制对象“开关”，“合”为合闸操作，“zd”表示自动同期合闸，“S”表示遥控选择。第二行“3 月 9 日 14：55：26”为遥控选择时间。第三行“172.018.000.202”为发出命令的装置地点，即省调二平面老远动装置。“02”组报文表示：3 月 9 日 14：55：26，调度主站端发送“强制合闸”命令时省调二平面老远动装置错误地发送给测控装置开关“自动同期合闸”命令。

图 5-13 中“04”组报文中“合”后，无“zd”，仅有“S”表示开关“强制合闸”。通过此组报文的 IP 显示 172.017.000.091 表示省调二平面新远动装置。此条报文表示在 3 月 9 日 14：54：15，调度主站端发送“强合”命令时省调二平面新远动装置发送给测控装置为正确的强制合闸。

图 5-14 中的第“01”组中“wy”是“无压”的拼音首字母，此条报文表示无压合闸。第“03”组中“yy”是“有压”的拼音首字母，此条报文表示同期合闸。

图 5-14　测控装置“同期”和“无压”合闸报文显示

（四）后续建议措施

（1）目前，某变电站已完成远动改造，新远动进入试运行阶段，后续随着某变电站老远动装置的完全退出，老远动“强制合闸”错误关联问题自行解除。

（2）检修人员开展自动化相关工作，如远动改造、调度联调、测控校验时做好报文把关工作，确保信息表关联正确。

三、远动数据不刷新分析

计划安排 2022 年 6 月 14 日进行某变电站后台远动遥信整改及增加华东、省调新一代系统 IP 通道工作。其中省调平面工作因省调 I 区纵密策略未修改无法继续核对，故结束工作。工作结束前，华东及省调告知远动 2（省调平面）数据不刷新，现场开展检查处理工作。

（一）异常现象

网调、省调主站表示二平面通道未中断数据，数据不刷新。远动 2 无异常灯亮，从后台连接检查通信链路发现远动相应链路的 2404 端口已打开远动对上网口灯亮，数据灯闪烁正常。

（二）检查过程

由于现场远动重启速度极慢，且设备未发现明显异常，故现场先对双方通信进行检查。发现有调度主站不停地总召唤远动数据情况出现。详情如下：

（1）调度主站下发总召唤报文，远动机响应后开始初始化过程。如图 5-15 所示。

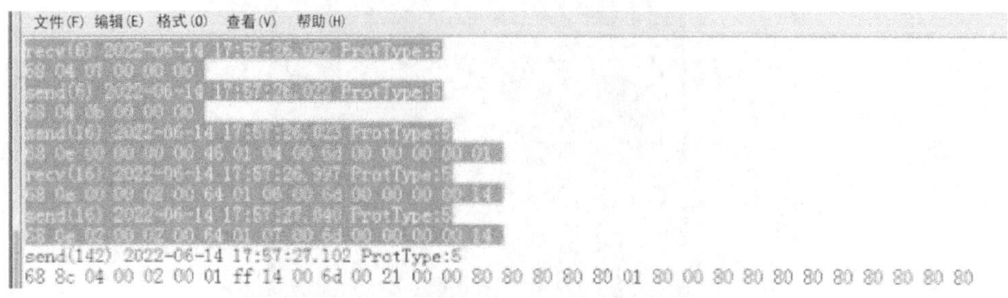

图 5-15 远动机响应后的初始化过程

其中前两条报文为 104 报文里 U 帧的总召唤及响应报文，如图 5-16 所示。

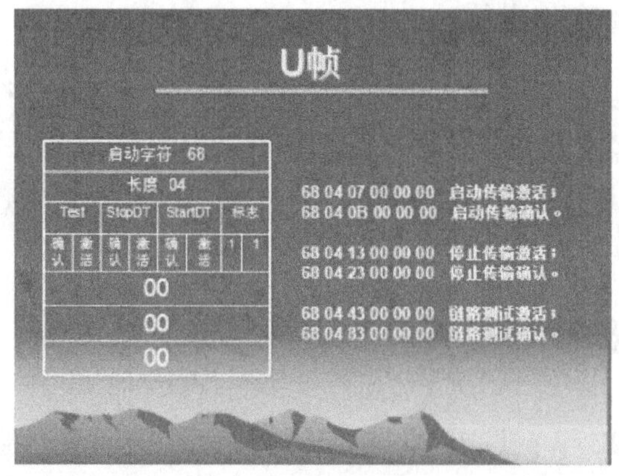

图 5-16 总召唤及响应报文

（2）远动开始上送初始化完成的遥信遥测数据，主站正常响应，如图 5-17 所示。

可以看到，调度主站响应的报文中序号（18）为已收到报文（16）的下一个，即“期望序号”。证明调度主站确实收到了总召唤过程中远动上送的遥信遥测报文。

（3）总召唤完成，调度主站未收到进一步的变化遥信遥测报文，等待数秒后继续下发总召唤报文，如此循环。

如图 5-18 所示，调度主站已收到序号为 9e 的报文，期望序号 a0；然而远动在 17：57：46 至 17：57：57 这段时间内无任何响应。故调度主站重新下发总召唤报文。

```
00 00 00 00 01 01 01 00 00 00 00 00 00 00
send(142) 2022-06-14 17:57:27.958 ProtType:5
68 8c 0e 00 02 00 01 ff 14 00 6d 00 9c 02 00 00 00 00 00 00 00 00 00 01 01 01 00 00 00 00 00 00
00 00 00 00 00 00 00 00 80 00 00 00 00 00 00 80 00 00 00 80 80 00 01 01 01 01 01 00 00 80 00 00
00 00 80 00 00 00 00 00 00 80 80 00 00 00 00 00 00 00 00 00 00 80 80 00 00 00 00 00 00 00 00 00 01
00 00 00 00 00 00 00 01 00 00 00 00 00 00 00 00 00 00 00 00 00 00 00 00 00 01 00 00 00 00 00 00
00 00 00 00 00 00 00 00 80 00 00 00 00 00
send(142) 2022-06-14 17:57:28.115 ProtType:5
68 8c 10 00 02 00 01 ff 14 00 6d 00 1b 03 00 00 80 00 00 00 80 80 00 01 01 01 01 01 00 00 80 00
00 00 00 00 00 00 00 00 00 00 80 80 00 00 00 00 00 00 00 00 00 80 80 00 00 00 00 00 00 00 00 00
00 00 00 00 00 00 01 01 01 00 00 00 00 00 00 00 00 00 00 00 00 00 00 00 01 01 01 00 00 00 00 00
00 00 00 00 00 00 00 00 00 80 00 00 00 00 00 00 80 00 00 00 80 80 00 01 01 01 01 01 00 00 80 00
00 00 00 00 00 00 00 00 00 00 80 80 00 00
send(142) 2022-06-14 17:57:28.271 ProtType:5
68 8c 12 00 02 00 01 ff 14 00 6d 00 9a 03 00 00 00 00 00 00 00 00 80 80 00 00 00 00 00 00 00 00
00 00 00 00 00 00 00 00 00 01 00 00 00 00 00 00 00 00 00 00 00 00 00 00 00 00 00 01 00 00 00 00
00 00 00 00 00 00 00 00 00 00 80 00 00 00 00 00 00 80 00 00 00 80 80 00 01 01 01 01 01 00 00 80
00 00 00 00 80 00 00 00 00 00 00 80 80 00 00 00 00 00 00 00 00 00 80 80 00 00 00 00 00 00 00 00
00 00 00 00 00 00 00 00 00 01 00 00 00 00
send(142) 2022-06-14 17:57:28.424 ProtType:5
68 8c 14 00 02 00 01 ff 14 00 6d 00 19 04 00 00 00 00 00 00 00 00 00 00 00 00 00 00 01 00 00 00
00 00 00 00 00 00 00 00 00 00 00 80 00 00 00 00 00 00 80 00 00 00 80 80 00 01 01 01 01 01 00 00
80 00 00 00 00 00 00 00 00 00 00 00 80 80 00 00 00 00 00 00 00 00 00 80 80 00 00 00 00 00 00 00
00 00 00 00 00 00 00 00 00 01 01 00 00 00 00 00 00 00 00 00 00 00 00 00 00 00 01 01 01 00 00 00
00 00 00 00 00 00 00 00 00 00 00 80 00 00
send(142) 2022-06-14 17:57:28.580 ProtType:5
68 8c 16 00 02 00 01 ff 14 00 6d 00 98 04 00 00 00 00 00 80 00 00 00 80 80 00 01 01 01 01 01 00
00 80 00 00 00 00 00 00 00 00 00 00 00 80 80 00 00 00 00 00 00 00 00 00 80 80 00 00 00 00 00 00
00 00 00 00 00 00 00 00 00 00 00 01 00 00 00 00 00 00 00 00 00 00 00 00 00 00 00 00 00 01 00 00
00 00 00 00 00 00 00 00 00 00 00 00 80 00 00 00 00 00 00 80 00 00 00 80 80 00 01 01 01 01 01 00
00 80 00 00 00 00 80 00 00 00 00 00 00 80
recv(6) 2022-06-14 17:57:28.645 ProtType:5
68 04 01 00 [illegible] 00
send(142) 2022-06-14 17:57:28.751 ProtType:5
68 8c 18 00 02 00 01 ff 14 00 6d 00 17 05 00 80 00 00 00 00 00 00 00 00 00 80 80 00 00 00 00 00
00 00 00 00 00 00 00 00 00 00 00 00 01 00 00 00 00 00 00 00 00 00 00 00 00 00 00 00 00 00 01 00
00 00 00 00 00 00 00 00 00 00 00 00 00 80 00 00 00 00 00 00 80 00 00 00 80 80 80 80 80 80 80 01
80 00 80 80 80 80 80 80 80 80 80 80 80 80 80 80 80 80 80 80 80 80 80 80 80 80 80 80 80 80 80 80
80 80 80 80 80 80 80 80 80 80 80 80 80 80
send(142) 2022-06-14 17:57:28.937 ProtType:5
```

图 5-17　初始化完成的遥信遥测数据

```
recv(6) 2022-06-14 17:57:40.058 ProtType:5
68 04 01 00 9c 00
send(220) 2022-06-14 17:57:40.098 ProtType:5
68 da 9c 00 02 00 0d a9 14 00 6d 00 4f 43 00 fb e1 7e 42 00 f0 a7 5e 43 00 f0 df 5c 43 00 f0 8b
5f 43 00 f2 26 c0 43 00 00 00 80 3f 00 f6 4b 11 42 00 aa f3 26 42 00 76 23 29 42 00 fd a7 93 42
00 fd 0d 35 42 00 fc b9 5b 42 00 f0 fb 5b 43 00 f0 33 5a 43 00 f0 fb 5b 43 00 f2 ec bd 43 00 00
00 00 40 80 50 00 0b 42 00 80 ca 06 42 00 7f e6 40 42 00 66 e6 5c 43 00 00 80 5c 43 00 33 33 5d
43 00 c0 21 bf 43 00 66 e6 57 43 00 66 66 56 43 00 cd 4c 59 43 00 64 53 ba 43 00 cd cc e8 42 00
9a 99 e8 42 00 00 00 00 00 00 00 00 00 00 00 33 33 53 40 00 9a 99 69 42 00 cd cc 64 42 00 9a 99
67 42 00 00 00 68 42 00 00 00 00 00 00 cd cc 0c 41 00 00 00 00 00 00 cd cc 0c 41 00
send(16) 2022-06-14 17:57:40.297 ProtType:5
68 0e 9e 00 02 00 64 01 0a 00 6d 00 00 00 00 14
recv(6) 2022-06-14 17:57:40.116 ProtType:5
68 04 01 00 a0 00
recv(6) 2022-06-14 17:57:57.184 ProtType:5
68 04 07 00 00 00
send(6) 2022-06-14 17:57:57.226 ProtType:5
68 04 0b 00 00 00
send(16) 2022-06-14 17:57:57.226 ProtType:5
68 0e 00 00 00 00 46 01 04 00 6d 00 00 00 00 01
recv(16) 2022-06-14 17:57:58.160 ProtType:5
68 0e 00 00 02 00 64 01 06 00 6d 00 00 00 00 14
send(16) 2022-06-14 17:57:58.201 ProtType:5
68 0e 02 00 02 00 64 01 07 00 6d 00 00 00 00 14
send(142) 2022-06-14 17:57:58.299 ProtType:5
```

图 5-18　调度主站已收到序号为 9e 的报文

（三）相关分析

能够开始远动信息传输，证明站内远动与主站端可以建立通信连接。但此连接结束的方式不同于常规的通信中断，调度主站一直收到的是总召唤响应报文而非变化量遥信遥测，故 D5000 系统显示数据不刷新。可以明确判断故障在远动侧。

经由厂家使用图形终端连接远动，发现远动的通信功能中，判断调度主站通信状态为“中断”，正常应为连接状态。远动因为通信状态缘故，不向调度主站上送变化量遥信遥测，导致以上的问题。至于远动判断通信中断的机制，以及中断后仍响应总召唤报文的原因，现场工程人员未给出详尽解释。

（四）处理方法及建议

参数全部下装后再次重启远动，花费 80min 后远动重启完成，与华东、省调自动化核对数据恢复刷新。

本次异常虽然处理方法简单，但原因较为少见。原因是总召唤后调度主站判断通信未完成，进行又一次总召唤行为产生。故装置运行及网口等显示均正常，增加了故障的隐蔽性。同时，厂家仅能使用 Linux 自带的报文监听程序进行报文截取工作，没有直观显示通信状态以及上送遥信遥测报文的专用工具，相较于同类型产品厂家工具有不足之处。

在此次检查及处理中，远动重启速度是一个巨大的负面因素。当天工作远动单台组态下装和重启生效总用时均在 1h 以上，为 70~90min，严重影响工作效率。建议咨询厂家此型号远动组态、内核等有无升级或改进版本，在适当时机安排远动性能提升工作，提高工作效率，减少可能发生的应急处理所需时间。

四、开关等间隔上送调度遥信异常分析

（一）情况简介

2022 年 1 月 12 日，华东网调反馈 500kV 某变电站省调平面通道上送的 1 号主变 5011 开关间隔的开关、闸刀位置信号不定态。运维人员重启省调远动后，1 号主变 5011 开关、1 号主变/妙含线 5012 开关、1 号主变 2601 开关间隔的遥信均不正常，异常范围扩大，现场采取远动置位的临时措施将以上 3 个间隔的遥信数据恢复正常。

2022 年 1 月 14 日，华东网调再次反馈某变电站网调平面、省调平面通道上送的 1 号主变 5011 开关、1 号主变/妙含线 5012 开关、1 号主变 2601 开关间隔的遥信均不正常，检修人员对以上 3 个间隔的开关、闸刀位置信号进行手动置位

后，遥信恢复正常。

2022 年 1 月 14 日—25 日，某变电站远动上送的 1 号主变 5011 开关、1 号主变/妙含线 5012 开关、1 号主变 2601 开关间隔开关、刀闸位置多次出现不定态，但异常出现的时间间隔无规律，期间均通过拉合遥信电源使其恢复正常。

（二）设备信息

500kV 某变电站远动装置生产厂家为某公司，型号为 NSC300，投产时间为 2011 年，运行时间超过 10 年。

5011 开关测控、5012 开关测控、2601 开关测控为 2011 年生产，生产厂家为某公司，型号为 NSD500V。其中妙含线 5012 开关测控在 2011 年随某变电站投产投入运行，5011 开关测控、2601 开关测控在 2011 年随某变电站投产完成后一直处于断电状态。5011 开关测控于 2020 年 6 月接入母线气室信号后投入运行，2021 年 1 号主变扩建后，2601 开关测控投入运行，1 号主变间隔低压侧测控均为新采购的 NS3560 国网四统一测控。

（三）现场处置情况

2022 年 1 月 12 日第一次出现异常时，运检部建群组织开展分析讨论，通过在远动装置置位的方式使其恢复正常。

2022 年 1 月 14 日第二次出现异常时，检修人员通过人工手动置位的方式使其恢复正常。中心技术支撑人员到达现场后，断开远动装置对下通信，抓取远动与测控通信报文，初步分析发现，异常间隔测控装置在链路中断后的初始化过程中，dsDin 数据集没有响应总召将本数据集内容发送至远动，并将发现异常现象告知某公司厂家。

2022 年 1 月 14 日—24 日，多次出现开关、刀闸不定态的异常现象，期间通过拉合遥信电源使其恢复正常。

2022 年 1 月 25 日—26 日，结合中心报文分析结果，运检部组织各单位谈论后采取以下措施：①修改测控装置配置文件，并重新下装，同步更换监控后台主机中的 SCD 文件；②更换远动装置 CPU 板。处理完成后，监控后台及调度遥信、遥测、遥控试验正常。

（四）1 号主变扩建相关情况

某变电站 1 号主变于 2022 年 1 月 11 日完成启动试验，开始试运行。主变扩建期间，根据实际情况制作新 SCD 集成文件，下装至测控装置与后台。因远动装置相关配置已于 2011 年完成，本期只进行转发表更新，新数据库未下装至远动。1号主变扩建期间，调度联调试验时，相关遥信、遥测、遥控均正常。

（五）报文分析与现场试验

1. 测控装置配置文件修改前报文分析

分析报文发现，异常测控装置的 brcbWarning、brcbCommState 报告控制块的初始化过程正常，使能、完整性周期、选项域、触发域、总召操作均能成功，且总召报文、周期报文正常上送。其中 brcbWarning 初始化过程如图 5-19~图 5-23 所示，brcbCommState 与其相同。

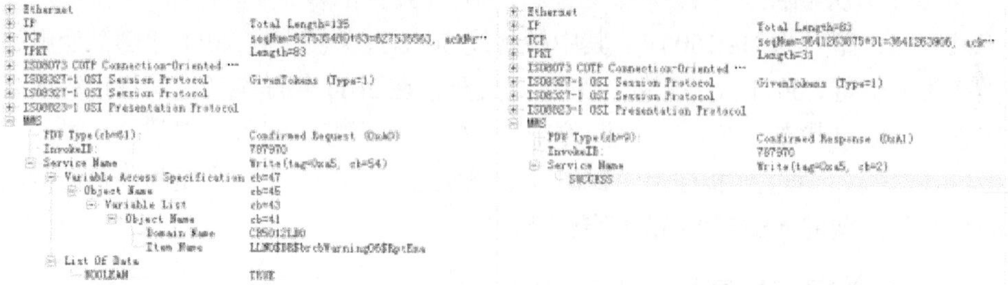

```
+ Ethernet
+ IP                                    Total Length=135
+ TCP                                   seqNum=627535480+83=627535563, ackNr…
+ TPKT                                  Length=83
+ ISO8073 COTP Connection-Oriented …
+ ISO8327-1 OSI Session Protocol        GivenTokens (Type=1)
+ ISO8327-1 OSI Session Protocol
+ ISO8823-1 OSI Presentation Protocol
- MMS
   PDU Type(cb=81):                     Confirmed Request (0xA0)
   InvokeID:                            787970
   - Service Name                       Write(tag=0xa5, cb=54)
     - Variable Access Specification    cb=47
       - Object Name                    cb=45
         - Variable List                cb=43
           - Object Name                cb=41
               Domain Name              CB5012LD0
               Item Name                LLN0$BR$brcbWarning06$RptEna
     - List Of Data
         BOOLEAN                        TRUE
```

```
+ Ethernet
+ IP                                    Total Length=83
+ TCP                                   seqNum=3641263875+31=3641263906, ackr…
+ TPKT                                  Length=31
+ ISO8073 COTP Connection-Oriented …
+ ISO8327-1 OSI Session Protocol        GivenTokens (Type=1)
+ ISO8327-1 OSI Session Protocol
+ ISO8823-1 OSI Presentation Protocol
- MMS
   PDU Type(cb=9):                      Confirmed Response (0xA1)
   InvokeID:                            787970
   - Service Name                       Write(tag=0xa5, cb=2)
       SUCCESS
```

图 5-19　brcbWarning 控制块使能成功

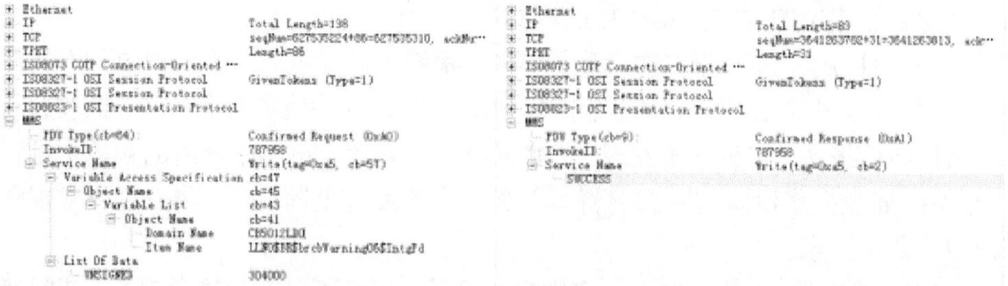

```
+ Ethernet
+ IP                                    Total Length=138
+ TCP                                   seqNum=627535224+86=627535310, ackNr…
+ TPKT                                  Length=86
+ ISO8073 COTP Connection-Oriented …
+ ISO8327-1 OSI Session Protocol        GivenTokens (Type=1)
+ ISO8327-1 OSI Session Protocol
+ ISO8823-1 OSI Presentation Protocol
- MMS
   PDU Type(cb=84):                     Confirmed Request (0xA0)
   InvokeID:                            787958
   - Service Name                       Write(tag=0xa5, cb=57)
     - Variable Access Specification    cb=47
       - Object Name                    cb=45
         - Variable List                cb=43
           - Object Name                cb=41
               Domain Name              CB5012LD0
               Item Name                LLN0$BR$brcbWarning06$IntgPd
     - List Of Data
         UNSIGNED                       304000
```

```
+ Ethernet
+ IP                                    Total Length=83
+ TCP                                   seqNum=3641263782+31=3641263813, ackr…
+ TPKT                                  Length=31
+ ISO8073 COTP Connection-Oriented …
+ ISO8327-1 OSI Session Protocol        GivenTokens (Type=1)
+ ISO8327-1 OSI Session Protocol
+ ISO8823-1 OSI Presentation Protocol
- MMS
   PDU Type(cb=9):                      Confirmed Response (0xA1)
   InvokeID:                            787958
   - Service Name                       Write(tag=0xa5, cb=2)
       SUCCESS
```

图 5-20　brcbWarning 控制块完整性周期写成功

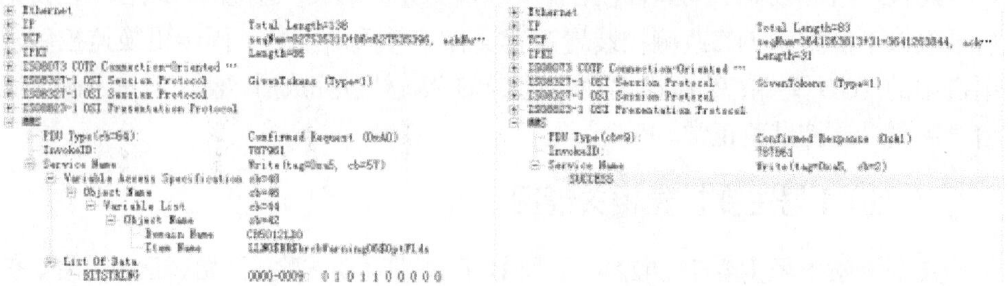

```
+ Ethernet
+ IP                                    Total Length=138
+ TCP                                   seqNum=627535310+86=627535396, ackNr…
+ TPKT                                  Length=86
+ ISO8073 COTP Connection-Oriented …
+ ISO8327-1 OSI Session Protocol        GivenTokens (Type=1)
+ ISO8327-1 OSI Session Protocol
+ ISO8823-1 OSI Presentation Protocol
- MMS
   PDU Type(cb=84):                     Confirmed Request (0xA0)
   InvokeID:                            787961
   - Service Name                       Write(tag=0xa5, cb=57)
     - Variable Access Specification    cb=48
       - Object Name                    cb=46
         - Variable List                cb=44
           - Object Name                cb=42
               Domain Name              CB5012LD0
               Item Name                LLN0$BR$brcbWarning06$OptFlds
     - List Of Data
         BITSTRING                      0000-0009: 0 1 0 1 1 0 0 0 0 0
```

```
+ Ethernet
+ IP                                    Total Length=83
+ TCP                                   seqNum=3641263813+31=3641263844, ackr…
+ TPKT                                  Length=31
+ ISO8073 COTP Connection-Oriented …
+ ISO8327-1 OSI Session Protocol        GivenTokens (Type=1)
+ ISO8327-1 OSI Session Protocol
+ ISO8823-1 OSI Presentation Protocol
- MMS
   PDU Type(cb=9):                      Confirmed Response (0xA1)
   InvokeID:                            787961
   - Service Name                       Write(tag=0xa5, cb=2)
       SUCCESS
```

图 5-21　brcbWarning 控制块选项域写成功

图 5-22　brcbWarning 控制块触发域写成功

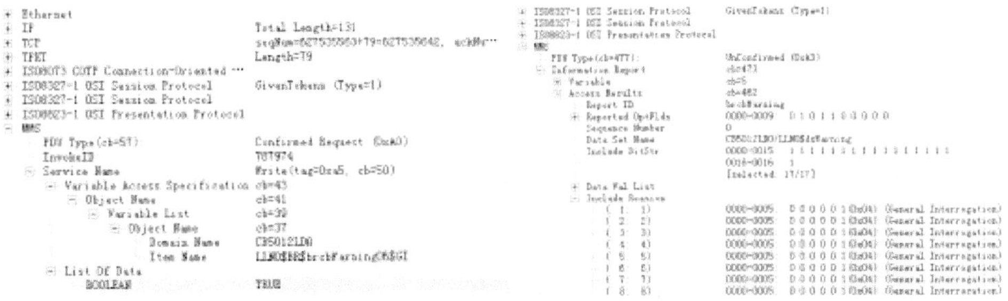

图 5-23　brcbWarning 控制块总召成功

但 brcbDin 报告控制块的初始化过程异常，其使能、完整性周期、选项域、触发域操作均能成功，总召操作成功，但测控没有上送总召报文，且初始化完成后测控装置没有周期报文上送，如图 5-24 所示。

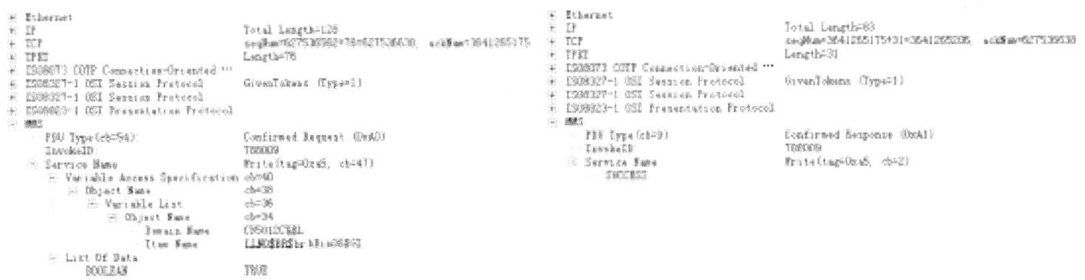

图 5-24　brcbDin 控制块总召成功，但没有总召报文响应上送

2. 测控装置及远动配置文件分析

查看测控装置模型文件 dsDin 数据集，该数据集中包含了开关、刀闸等一次设备遥信，以及其他硬接点遥信，如图 5-25 所示。

检查 SCD 集成文件，异常测控装置模型文件 CTRL/LLN0/dsDin 数据集中共有 121 个数据，存在无效的逻辑节点 DevAlarmGGIO。而远动装置导入的异常间隔测控模型中，CTRL/LLN0/dsDin 数据集有 109 个数据，不存在 DevAlarmGGIO

逻辑节点。该差异可能会造成一定影响：①测控装置本身存在无效的逻辑节点DevAlarmGGIO，导致测控装置判定该数据集异常，从而不向远动发送该数据集内容；②异常间隔测控装置 CTRL/LLN0/dsDin 数据集与远动装置中不一致。

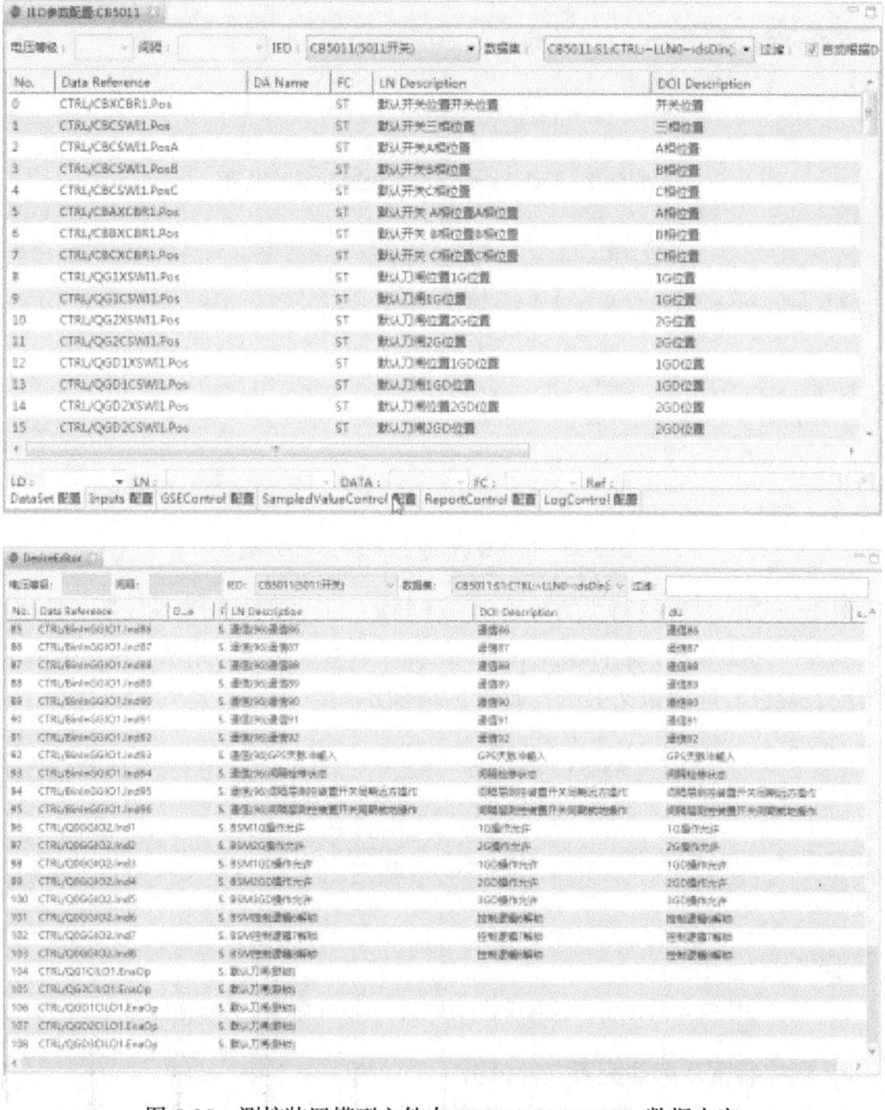

IED参数配置:CB5011

电压等级： 间隔： IED： CB5011(5011开关) 数据集： CB5011S1:CTRL--LLN0--dsDin(过滤： 匹配根据D

No.	Data Reference	DA Name	FC	LN Description	DOI Description
0	CTRL/CBXCBR1.Pos		ST	默认开关位置开关位置	开关位置
1	CTRL/CBCSWI1.Pos		ST	默认开关三相位置	三相位置
2	CTRL/CBCSWI1.PosA		ST	默认开关A相位置	A相位置
3	CTRL/CBCSWI1.PosB		ST	默认开关B相位置	B相位置
4	CTRL/CBCSWI1.PosC		ST	默认开关C相位置	C相位置
5	CTRL/CBAXCBR1.Pos		ST	默认开关 A相位置A相位置	A相位置
6	CTRL/CBBXCBR1.Pos		ST	默认开关 B相位置B相位置	B相位置
7	CTRL/CBCXCBR1.Pos		ST	默认开关 C相位置C相位置	C相位置
8	CTRL/QG1XSWI1.Pos		ST	默认刀闸位置1G位置	1G位置
9	CTRL/QG1CSWI1.Pos		ST	默认刀闸1G位置	1G位置
10	CTRL/QG2XSWI1.Pos		ST	默认刀闸位置2G位置	2G位置
11	CTRL/QG2CSWI1.Pos		ST	默认刀闸2G位置	2G位置
12	CTRL/QGD1XSWI1.Pos		ST	默认刀闸位置1GD位置	1GD位置
13	CTRL/QGD1CSWI1.Pos		ST	默认刀闸1GD位置	1GD位置
14	CTRL/QGD2XSWI1.Pos		ST	默认刀闸位置2GD位置	2GD位置
15	CTRL/QGD2CSWI1.Pos		ST	默认刀闸2GD位置	2GD位置

LD： LN： DATA： FC： Ref：

DataSet 配置 Inputs 配置 GSEControl 配置 SampledValueControl 配置 ReportControl 配置 LogControl 配置

DeviceEditor

电压等级： 间隔： IED： CB5011(5011开关) 数据集： CB5011S1:CTRL<LLN0>dsDin 过滤：

No.	Data Reference	D...a	F	LN Description	DOI Description	dU
85	CTRL/BinInGGIO1.Ind86		S	遥信(90)遥信86	遥信86	遥信86
86	CTRL/BinInGGIO1.Ind87		S	遥信(90)遥信87	遥信87	遥信87
87	CTRL/BinInGGIO1.Ind88		S	遥信(90)遥信88	遥信88	遥信88
88	CTRL/BinInGGIO1.Ind89		S	遥信(90)遥信89	遥信89	遥信89
89	CTRL/BinInGGIO1.Ind90		S	遥信(90)遥信90	遥信90	遥信90
90	CTRL/BinInGGIO1.Ind91		S	遥信(90)遥信91	遥信91	遥信91
91	CTRL/BinInGGIO1.Ind92		S	遥信(90)遥信92	遥信92	遥信92
92	CTRL/BinInGGIO1.Ind93		S	遥信(90)GPS失脉冲输入	GPS失脉冲输入	GPS失脉冲输入
93	CTRL/BinInGGIO1.Ind94		S	遥信(90)间隔检修状态	间隔检修状态	间隔检修状态
94	CTRL/BinInGGIO1.Ind95		S	[illegible]	[illegible]	[illegible]
95	CTRL/BinInGGIO1.Ind96		S	[illegible]	[illegible]	[illegible]
96	CTRL/QGGGIO2.Ind1		S	BSM1G操作允许	1G操作允许	1G操作允许
97	CTRL/QGGGIO2.Ind2		S	BSM2G操作允许	2G操作允许	2G操作允许
98	CTRL/QGGGIO2.Ind3		S	BSM1GD操作允许	1GD操作允许	1GD操作允许
99	CTRL/QGGGIO2.Ind4		S	BSM2GD操作允许	2GD操作允许	2GD操作允许
100	CTRL/QGGGIO2.Ind5		S	BSM3GD操作允许	3GD操作允许	3GD操作允许
101	CTRL/QGGGIO2.Ind6		S	BSM控制逻辑解锁	控制逻辑解锁	控制逻辑解锁
102	CTRL/QGGGIO2.Ind7		S	BSM控制逻辑7解锁	控制逻辑7解锁	控制逻辑7解锁
103	CTRL/QGGGIO2.Ind8		S	BSM控制逻辑解锁	控制逻辑解锁	控制逻辑解锁
104	CTRL/QG1CILO1.EnaOp		S	默认刀闸联锁		
105	CTRL/QG2CILO1.EnaOp		S	默认刀闸联锁		
106	CTRL/QGD1CILO1.EnaOp		S	默认刀闸联锁		
107	CTRL/QGD2CILO1.EnaOp		S	默认刀闸联锁		
108	CTRL/QGD3CILO1.EnaOp		S	默认刀闸联锁		

图 5-25 测控装置模型文件中 CTRL/LLN0/dsDin 数据内容

根据以上分析，CTRL/LLN0/dsDin 数据集没有响应总召将数据集信息上送远动的原因可能为：测控装置本身存在无效的逻辑节点 DevAlarmGGIO，导致测控装置判定该数据集异常，从而不向远动发送该数据集内容；且异常间隔测控装置 CTRL/LLN0/dsDin 数据集与远动装置异常间隔的 CTRL/LLN0/dsDin 数据集不一致导致。见图 5-26。

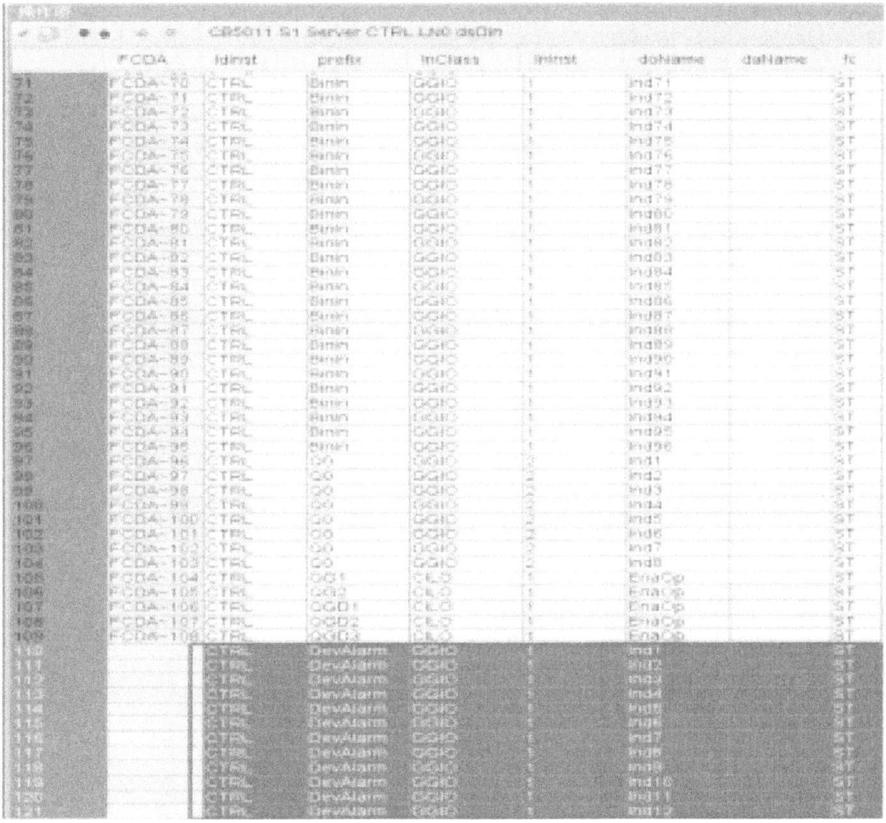

CB5011 S1 Server CTRL LN0 dsDin

	FCDA	ldInst	prefix	lnClass	lnInst	doName	daName	fc
71	FCDA-70	CTRL	Binin	GGIO	1	Ind71		ST
72	FCDA-71	CTRL	Binin	GGIO	1	Ind72		ST
73	FCDA-72	CTRL	Binin	GGIO	1	Ind73		ST
74	FCDA-73	CTRL	Binin	GGIO	1	Ind74		ST
75	FCDA-74	CTRL	Binin	GGIO	1	Ind75		ST
76	FCDA-75	CTRL	Binin	GGIO	1	Ind76		ST
77	FCDA-76	CTRL	Binin	GGIO	1	Ind77		ST
78	FCDA-77	CTRL	Binin	GGIO	1	Ind78		ST
79	FCDA-78	CTRL	Binin	GGIO	1	Ind79		ST
80	FCDA-79	CTRL	Binin	GGIO	1	Ind80		ST
81	FCDA-80	CTRL	Binin	GGIO	1	Ind81		ST
82	FCDA-81	CTRL	Binin	GGIO	1	Ind82		ST
83	FCDA-82	CTRL	Binin	GGIO	1	Ind83		ST
84	FCDA-83	CTRL	Binin	GGIO	1	Ind84		ST
85	FCDA-84	CTRL	Binin	GGIO	1	Ind85		ST
86	FCDA-85	CTRL	Binin	GGIO	1	Ind86		ST
87	FCDA-86	CTRL	Binin	GGIO	1	Ind87		ST
88	FCDA-87	CTRL	Binin	GGIO	1	Ind88		ST
89	FCDA-88	CTRL	Binin	GGIO	1	Ind89		ST
90	FCDA-89	CTRL	Binin	GGIO	1	Ind90		ST
91	FCDA-90	CTRL	Binin	GGIO	1	Ind91		ST
92	FCDA-91	CTRL	Binin	GGIO	1	Ind92		ST
93	FCDA-92	CTRL	Binin	GGIO	1	Ind93		ST
94	FCDA-93	CTRL	Binin	GGIO	1	Ind94		ST
95	FCDA-94	CTRL	Binin	GGIO	1	Ind95		ST
96	FCDA-95	CTRL	Binin	GGIO	1	Ind96		ST
97	FCDA-96	CTRL	QG	GGIO	2	Ind1		ST
98	FCDA-97	CTRL	QG	GGIO	2	Ind2		ST
99	FCDA-98	CTRL	QG	GGIO	2	Ind3		ST
100	FCDA-99	CTRL	QG	GGIO	2	Ind4		ST
101	FCDA-100	CTRL	QG	GGIO	2	Ind5		ST
102	FCDA-101	CTRL	QG	GGIO	2	Ind6		ST
103	FCDA-102	CTRL	QG	GGIO	2	Ind7		ST
104	FCDA-103	CTRL	QG	GGIO	2	Ind8		ST
105	FCDA-104	CTRL	QG1	CILO	1	EnaOp		ST
106	FCDA-105	CTRL	QG2	CILO	1	EnaOp		ST
107	FCDA-106	CTRL	QGD1	CILO	1	EnaOp		ST
108	FCDA-107	CTRL	QGD2	CILO	1	EnaOp		ST
109	FCDA-108	CTRL	QGD3	CILO	1	EnaOp		ST
110		CTRL	DevAlarm	GGIO	1	Ind1		ST
111		CTRL	DevAlarm	GGIO	1	Ind2		ST
112		CTRL	DevAlarm	GGIO	1	Ind3		ST
113		CTRL	DevAlarm	GGIO	1	Ind4		ST
114		CTRL	DevAlarm	GGIO	1	Ind5		ST
115		CTRL	DevAlarm	GGIO	1	Ind6		ST
116		CTRL	DevAlarm	GGIO	1	Ind7		ST
117		CTRL	DevAlarm	GGIO	1	Ind8		ST
118		CTRL	DevAlarm	GGIO	1	Ind9		ST
119		CTRL	DevAlarm	GGIO	1	Ind10		ST
120		CTRL	DevAlarm	GGIO	1	Ind11		ST
121		CTRL	DevAlarm	GGIO	1	Ind12		ST

图 5-26　异常测控装置 CTRL/LLN0/dsDin 数据集

3. 测控装置配置文件修改后报文分析

根据以上分析结果，删除异常测控装置 CTRL/LLN0/dsDin 数据集中无效的 DevAlarmGGIO 逻辑节点，并重新下装测控装置配置文件。测控装置的 brcbWarning、brcbCommState、brcbDin 报告控制块的初始化过程正常，使能、完整性周期、选项域、触发域、总召操作均能成功，且总召报文、周期报文正常上送，总召报文及周期上送报文如图 5-27、图 5-28 所示。远动装置上送的遥信信息正常。

4. 现场测试

现场修改 1 号主变 5011 开关测控装置配置文件并重新下装，未修改 1 号主变/妙含线 5012 开关、1 号主变 2601 开关测控配置文件，作横向对比。重启远动装置后，对 3 个间隔测控进行总召，5012、2601 开关间隔遥信出现异常，而 5011 开关间隔遥信为正常。

```
Access Results            cb=2692
  Report ID               brcbDin
  Reported OptFlds        0000-0009:  0 1 0 1 1 0 0 0 0 0
  Sequence Number         0
  Data Set Name           CB5011CTRL/LLN0$dsDin
  Include BitStr          0000-0015:  1 1 1 1 1 1 1 1 1 1 1 1 1 1 1 1
                          0016-0031:  1 1 1 1 1 1 1 1 1 1 1 1 1 1 1 1
                          0032-0047:  1 1 1 1 1 1 1 1 1 1 1 1 1 1 1 1
                          0048-0063:  1 1 1 1 1 1 1 1 1 1 1 1 1 1 1 1
                          0064-0079:  1 1 1 1 1 1 1 1 1 1 1 1 1 1 1 1
                          0080-0095:  1 1 1 1 1 1 1 1 1 1 1 1 1 1 1 1
                          0096-0108:  1 1 1 1 1 1 1 1 1 1 1 1 1
                          [selected: 109/109]
  Data Val List
  Include Reasion
    ( 1:  1)              0000-0005:  0 0 0 0 0 1 (0x04) (General Interrogation)
    ( 2:  2)              0000-0005:  0 0 0 0 0 1 (0x04) (General Interrogation)
    ( 3:  3)              0000-0005:  0 0 0 0 0 1 (0x04) (General Interrogation)
    ( 4:  4)              0000-0005:  0 0 0 0 0 1 (0x04) (General Interrogation)
    ( 5:  5)              0000-0005:  0 0 0 0 0 1 (0x04) (General Interrogation)
    ( 6:  6)              0000-0005:  0 0 0 0 0 1 (0x04) (General Interrogation)
    ( 7:  7)              0000-0005:  0 0 0 0 0 1 (0x04) (General Interrogation)
    ( 8:  8)              0000-0005:  0 0 0 0 0 1 (0x04) (General Interrogation)
    ( 9:  9)              0000-0005:  0 0 0 0 0 1 (0x04) (General Interrogation)
    ( 10: 10)             0000-0005:  0 0 0 0 0 1 (0x04) (General Interrogation)
    ( 11: 11)             0000-0005:  0 0 0 0 0 1 (0x04) (General Interrogation)
    ( 12: 12)             0000-0005:  0 0 0 0 0 1 (0x04) (General Interrogation)
    ( 13: 13)             0000-0005:  0 0 0 0 0 1 (0x04) (General Interrogation)
```

图 5-27　测控装置配置文件修改后 dsDin 数据集总召报文

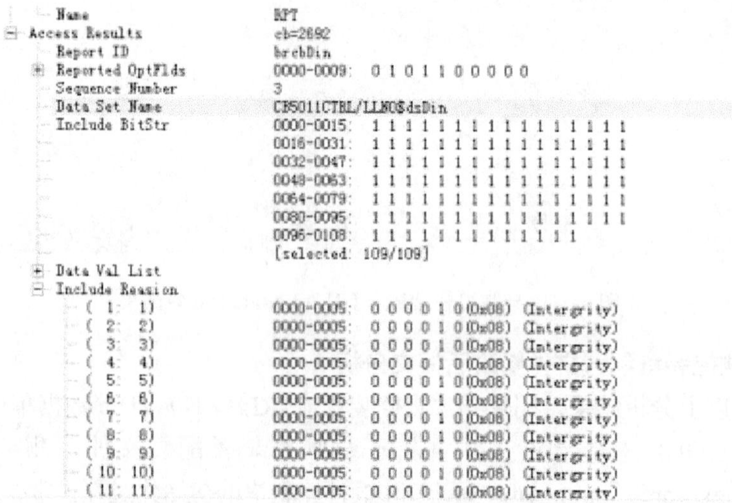

```
  Name                    RPT
Access Results            cb=2692
  Report ID               brcbDin
  Reported OptFlds        0000-0009:  0 1 0 1 1 0 0 0 0 0
  Sequence Number         3
  Data Set Name           CB5011CTRL/LLN0$dsDin
  Include BitStr          0000-0015:  1 1 1 1 1 1 1 1 1 1 1 1 1 1 1 1
                          0016-0031:  1 1 1 1 1 1 1 1 1 1 1 1 1 1 1 1
                          0032-0047:  1 1 1 1 1 1 1 1 1 1 1 1 1 1 1 1
                          0048-0063:  1 1 1 1 1 1 1 1 1 1 1 1 1 1 1 1
                          0064-0079:  1 1 1 1 1 1 1 1 1 1 1 1 1 1 1 1
                          0080-0095:  1 1 1 1 1 1 1 1 1 1 1 1 1 1 1 1
                          0096-0108:  1 1 1 1 1 1 1 1 1 1 1 1 1
                          [selected: 109/109]
  Data Val List
  Include Reasion
    ( 1:  1)              0000-0005:  0 0 0 0 1 0 (0x08) (Intergrity)
    ( 2:  2)              0000-0005:  0 0 0 0 1 0 (0x08) (Intergrity)
    ( 3:  3)              0000-0005:  0 0 0 0 1 0 (0x08) (Intergrity)
    ( 4:  4)              0000-0005:  0 0 0 0 1 0 (0x08) (Intergrity)
    ( 5:  5)              0000-0005:  0 0 0 0 1 0 (0x08) (Intergrity)
    ( 6:  6)              0000-0005:  0 0 0 0 1 0 (0x08) (Intergrity)
    ( 7:  7)              0000-0005:  0 0 0 0 1 0 (0x08) (Intergrity)
    ( 8:  8)              0000-0005:  0 0 0 0 1 0 (0x08) (Intergrity)
    ( 9:  9)              0000-0005:  0 0 0 0 1 0 (0x08) (Intergrity)
    ( 10: 10)             0000-0005:  0 0 0 0 1 0 (0x08) (Intergrity)
    ( 11: 11)             0000-0005:  0 0 0 0 1 0 (0x08) (Intergrity)
```

图 5-28　测控装置配置文件修改后 dsDin 数据集周期上送报文

（六）原因分析

1. 直接原因

综上分析，一是异常间隔测控装置 CTRL/LLN0/dsDin 数据集存在无效的 DevAlarmGGIO 逻辑节点，测控装置判定该数据集异常，从而不向远动发送该数据集内容，且与远动装置内异常间隔的数据集不一致，导致测控装置CTRL/LLN0/dsDin数据集不能正常响应总召，无法将数据集中的开关、刀闸等设备位置发送至远动。二是远动装置CPU板运行工况不良，远动装置存在随机性程序死机或者链路异常的可能，在程序或者链路恢复过程中，远动装置将进行初始化，一旦远动装置初始化，就会出现异常测控装置dsDin数据集响应总召失败，从而导致调度端1号主变5011开关、1号主变/妙含线5012开关、1号主变2601开关间隔遥信异常。

2. 其他情况

本次1号主变扩建期间，远动装置未安装最新SCD集成文件，前提是测控装置CID模型不发生变化。但是在配置SCD组态文件时，厂家人员不掌握新增测控水平联闭锁会导致CTRL/LLN0/dsDin数据集增加无效的DevAlarmGGIO逻辑节点，从而致使异常间隔测控判定本数据集异常，且与远动模型不一致。

NSD500V为某公司早期测控，智能化程度不足，而NS3560国网四统一测控在此类情况下不会造成该问题，导致厂家人员在某变电站工作时，严谨性不足，未深入检查测控装置下装文件。

（七）组织措施

2022年1月12日某变电站信号上送异常，应急人员第一时间赶赴现场，公司专业人员立即参与异常研判，提出远动置位的临时解决措施。14日，人员赴某变电站现场进一步检查，通过抓取报文解析原因。15日—17日，经公司专业组织分析，初步判断原因为远动装置与测控装置模型不一致，填报自动化数据封锁、网安挂牌、联调申请，考虑升级测控与远动模型、更换远动CPU板，计划于25日开展消缺工作。1月25日—26日，工作负责人、自动化专职及技术支撑人员、某公司厂家赴某变电站再次检查分析及处理，在公司专业人员的指导下，通过深入解析报文及现场测试，明确异常原因为测控装置配置及远动装置CPU板问题，立即采取措施进行消缺处置。

（八）处理措施

当前措施：①删除1号主变5011开关测控、1号主变/妙含线5012开关测控、1号主变2601开关测控装置CTRL/LLN0/dsDin数据集无效的DevAlarmGGIO逻辑节点，并重新下装测控配置文件、更新后台SCD文件。②更换CPU板，提升远动装置运行工况，使上述异常恢复正常。

后续措施：考虑某变电站远动装置为某公司NSC300，运行超过10年，异常逐渐增多。运检部决定在春节后开展改造，提供技术支撑，相关方案、物资、厂内调试已在准备中。目前，正加速开展老旧监控后台、远动设备改造，提升设备健康水平，助力公司安全生产工作。

（九）其他问题及建议

（1）要求某公司明确 NSD300 远动装置与测控通信的初始化流程。根据报文分析，在测控装置与远动装置 CTRL/LLN0/dsDin 数据集不一致的情况下，brcbDin 报告控制块的使能、完整性周期、选项域、触发域、总召操作成功，只是未上送总召报文。但根据 IEC 61850 通信协议，在 CTRL/LLN0/dsDin 数据集不一致的情况下，brcbDin 报告控制块的使能、完整性周期、选项域、触发域、总召操作均不应成功。

（2）要求某公司明确为何在配置测控装置水平联闭锁时会在 CTRL/LLN0/dsDin 数据集中自动生成无效的 DevAlarmGGIO 逻辑节点。该部分无效的数据影响范围是什么，若在调试期间同步更新了远动的配置文件，使得远动装置中异常间隔的模型中也存在无效的 DevAlarmGGIO 逻辑节点，测控与远动是否能够正常初始化。

（3）若 CPU 板不存在异常，远动装置不存在程序死机、断链重连或重启，在没有总召和周期上送报文的情况下，远动装置上送的开关、刀闸位置等遥信为何会自行无规律变为 0。

（4）远动中异常间隔测控的 dsCommState 数据集（该数据集遥信不转发至调度）与实际测控内该数据集的数据数量也存在不一致现象，该数据集为何能够响应总召。与 CTRL/LLN0/dsDin 数据集情况不同的是，dsCommState 数据集新增的遥信逻辑节点名称相同，仅数量不一致。图 5-29 所示为测控内数据集，图 5-30 为远动内数据集，该数据集为测控间 GOOSE 中断信号的数据集。

CB5011.S1.Server.LD0.LN0.dsCommState

	FCDA	ldInst	prefix	lnClass	lnInst	doName	daName	fc
1	FCDA~0	LD0	GoAlm	GGIO	1	Ind1		ST
2	FCDA~1	LD0	GoAlm	GGIO	1	Ind2		ST
3	FCDA~2	LD0	GoAlm	GGIO	1	Ind3		ST
4	FCDA~3	LD0	GoAlm	GGIO	1	Ind4		ST
5	FCDA~4	LD0	GoAlm	GGIO	1	Ind5		ST
6	FCDA~5	LD0	GoAlm	GGIO	1	Ind6		ST
7	FCDA~6	LD0	GoAlm	GGIO	1	Ind7		ST
8	FCDA~7	LD0	GoAlm	GGIO	1	Ind8		ST
9	FCDA~8	LD0	GoAlm	GGIO	1	Ind9		ST
10	FCDA~9	LD0	GoAlm	GGIO	1	Ind10		ST
11	FCDA~10	LD0	GoAlm	GGIO	1	Ind11		ST
12	FCDA~11	LD0	GoAlm	GGIO	1	Ind12		ST

图 5-29　异常间隔测控 dsCommState 数据集

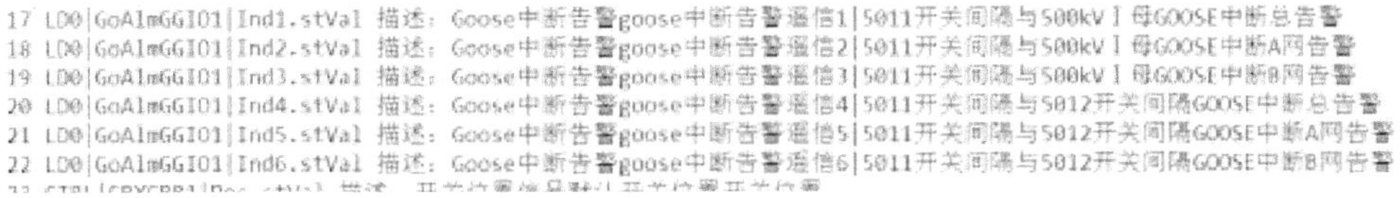

```
17 LD0|GoAlmGGIO1|Ind1.stVal 描述：Goose中断告警goose中断告警遥信1|5011开关间隔与500kV Ⅰ母GOOSE中断总告警
18 LD0|GoAlmGGIO1|Ind2.stVal 描述：Goose中断告警goose中断告警遥信2|5011开关间隔与500kV Ⅰ母GOOSE中断A网告警
19 LD0|GoAlmGGIO1|Ind3.stVal 描述：Goose中断告警goose中断告警遥信3|5011开关间隔与500kV Ⅰ母GOOSE中断B网告警
20 LD0|GoAlmGGIO1|Ind4.stVal 描述：Goose中断告警goose中断告警遥信4|5011开关间隔与5012开关间隔GOOSE中断总告警
21 LD0|GoAlmGGIO1|Ind5.stVal 描述：Goose中断告警goose中断告警遥信5|5011开关间隔与5012开关间隔GOOSE中断A网告警
22 LD0|GoAlmGGIO1|Ind6.stVal 描述：Goose中断告警goose中断告警遥信6|5011开关间隔与5012开关间隔GOOSE中断B网告警
```

图 5-30　远动装置中异常间隔测控 dsCommState 数据集

（5）要求某公司在厂内搭建环境，复现异常，并给出具体原因。

（6）加强对厂家人员的管控，提升自身技术技能水平，尤其是报文、配置文件等的解析能力，监督厂家人员规范作业，将某变电站事故作为典型风险提醒厂家人员。改扩建时，需要同步更新测控、后台、远动等的配置文件，保证监控系统间的通信正常。

（7）建议今后扩建工作时，对扩建间隔内的部分老旧设备进行同步更新，跟随基建项目更新二次设备。

第三节　智能变电站特高压站的典型异常维护

一、某变电站湖安Ⅰ线 T021 开关间隔信号直流电源回路绝缘异常分析处理

（一）异常信息

开展湖安Ⅰ线 C 检二次回路摇绝缘工作期间，发现湖安Ⅰ线 T021 开关间隔信号直流电源回路 XDL3 空开下端头正、负对地绝缘为 0.6MΩ（XDL3 空开已拉开），并立即对检修间隔内 T022 开关间隔相同信号回路进行绝缘检测正常，对比可知湖安Ⅰ线 T021 开关间隔信号直流电源回路绝缘异常。某变电站二次运检人员立即对该回路图纸进行分析并确定排查方法。由于该回路涉及的信号回路支路较多，考虑将间隔内同类型元件分为一段，采用多段式处理方法以缩小故障进而解决故障。

（二）设备信息

该信号回路为湖安Ⅰ线 T021 开关间隔信号直流电源回路，涉及高压带电显示闭锁装置电源回路、断路器油压低合闸告警回路、SF_6气压降低报警回路、机

构油压低/机构电机超时运转/联锁解除报警指示灯回路、分合闸位置指示回路（湖安Ⅰ线 T021 开关间隔信号直流电源回路走向图纸编号：LSIGN-P/601.4→613.1→615.1→617.1→619.1 以及 LSIGN-P/601.4→613.1→629.7）。

（三）处理过程

根据图纸及现场接线情况将该回路分为 4 段：①高压带电显示闭锁装置电源回路；②断路器油压低合闸告警回路、SF_6气压降低报警回路；③SF_6气压降低/机构油压低/机构电机超时运转/联锁解除报警指示灯回路；④分合闸位置指示回路。

（1）将高压带电显示闭锁装置电源回路与该电源回路隔离（松开 X10-26、X10-29 端子），并测量高压带电显示闭锁装置电源回路与该电源回路的正、负端绝缘情况，发现高压带电显示闭锁装置电源回路正负端对地绝缘阻值均为∞，可排除该回路。同时发现原回路的电源正极绝缘恢复。负极仍然异常。

（2）仅针对负极进行第二段检查。如图 5-31 所示，解开 KHC 继电器 KHC-A2 编号的电缆，涉及多个继电器，现场实际负端使用跳线连接。测量油压降低合闸报警回路负极，该段对地绝缘正常。

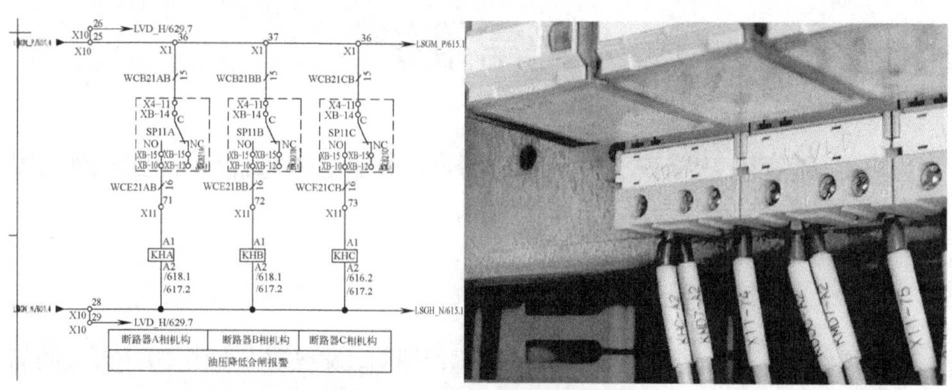

图 5-31　油压低合闸告警回路 KHC-A2 端子

如图 5-32 所示，松开 KMD6 继电器的 A2 端 D-6.1 编号接线。测量 SF_6气压降低报警回路，该段对地绝缘正常，可排除此段。由现场实际接线判断，负极跳线相连，D-6.1 与 KMD6-A2 同电缆，对比图纸方向套编号应为 D-6.2。

（3）针对第三段指示灯回路进行检查，各个灯并排排列且后座端子之间均用短接片连接，如图 5-33 所示，找到与下一段分合闸位置指示回路负端连接电缆编号为 SA2-（1）并解开，测量该段负极对地绝缘，该段对地绝缘正常，可排除此段。

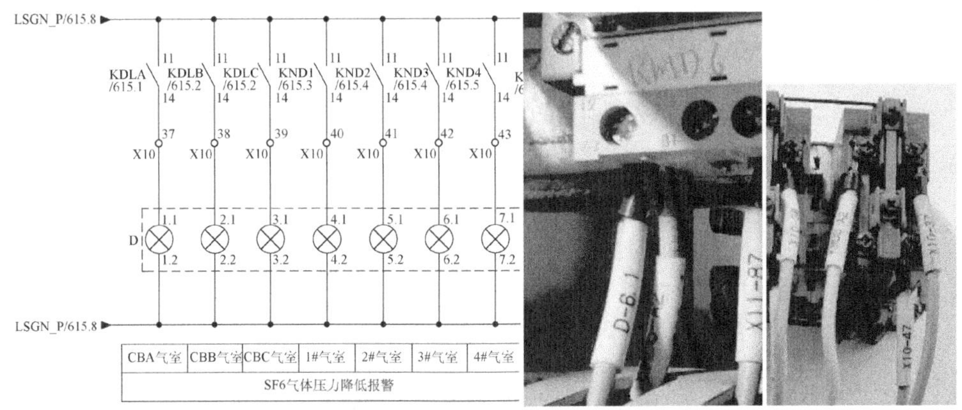

图 5-32　SF_6 气压降低报警回路 D-6.1 端子

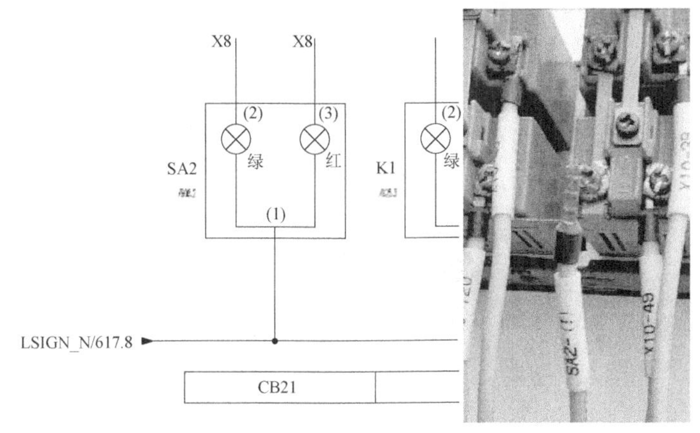

图 5-33　分合闸位置指示回路负端 SA2-（1）端子

（4）针对分合闸位置指示回路进行检查，如图 5-34 所示，整体测量该回路对地绝缘电阻值为 0.8MΩ。如图 5-35 所示，先解开端子 K1-（1）测量 1 段、后面回路的绝缘电阻，发现 1 段对地绝缘正常，同方法依次排查，发现 T02117 接地闸刀的分合闸位置指示灯 K3 内部存在绝缘能力降低情况，如图 5-36 所示，更换备品后回路绝缘为 6MΩ，恢复正常。

图 5-34　分合闸位置指示回路对地绝缘

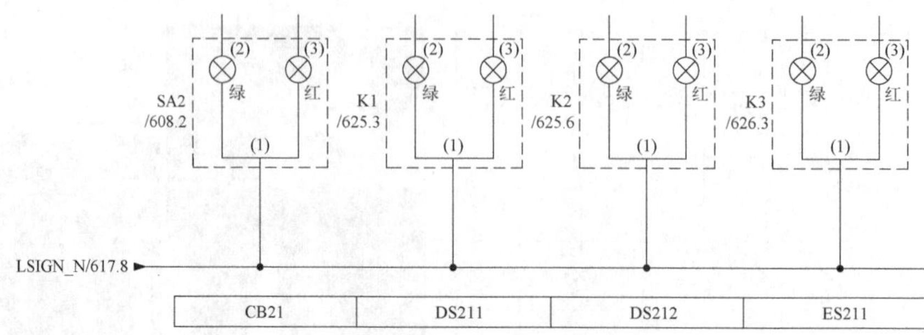

图 5-35　分合闸位置指示回路负端

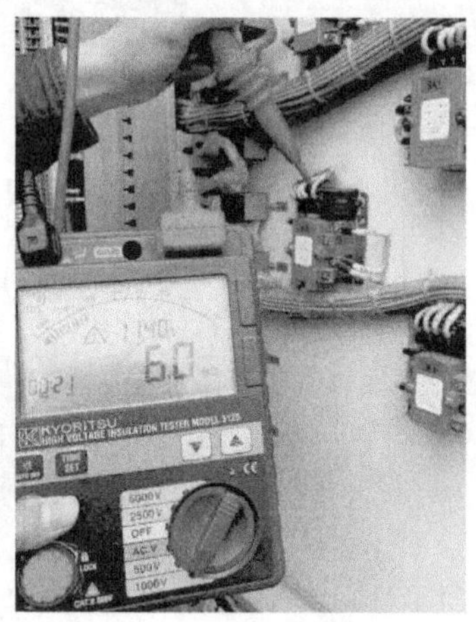

图 5-36　更换 K3 指示灯后分合闸位置指示回路对地绝缘

（四）总结建议

（1）本次异常为分合闸指示灯老化出现绝缘降低异常，排查初期也根据以往经验考虑了可能由表计接点（室外、阴雨天）至汇控柜出现异常的可能性较大，但由于支路较多，需要拆除的端子多，工作量大，所以分段效率更高。实际工作中仍需要从经验出发，根据实际灵活变通。

（2）变电站运行年限增加，长投设备老化异常率随之增加，处置时需要关注。

（3）处置过程需要拆下多处端子，恢复时勿遗漏，并紧固到位。

二、某变电站 5073 开关控制回路绝缘低分析处理报告

（一）异常简述

中心运检人员在某变电站吉妙线 5073 开关汇控柜开展防拒动检修时发现，

该开关第一组直流控制回路 101（正电源）、102（负电源）绝缘为 1.2MΩ，不合格。

吉妙线 5073 开关是新东北 GIS 设备，2013 年投运，上次检修时间为 2018 年。现场开关状态为开关分闸，已储能状态，两组控制电源断开。

（二）异常分析

因开关控制回路涉及操作箱、汇控柜和开关机构，运检人员重点对这三处进行排查。

1. 汇控柜排查

运检人员将 101 与 102 从汇控柜 X7 端子排拆出对外电缆，测试汇控柜原 101 与 102 电缆所接绝缘不合格，汇控柜至操作箱 101 与 102 电缆绝缘也不合格。

2. 操作箱排查

运检人员对操作箱 4Q1D 端子至汇控柜的 101、102、108 端子进行隔离。测试汇控柜内原 101 与 102 电缆所接端子绝缘已合格。操作箱 101、102 端子绝缘不合格。

在此处排查时，运检人员发现汇控柜至操作箱的 101、102 拆开后，未断开 108 时，汇控柜内 101 与 102 绝缘不合格；断开 108 后，汇控柜内 101、102 绝缘合格了，原因如下：

（1）CYJ（压力低禁止重合闸继电器）回路导致汇控柜内 102 端子绝缘低。

108 回路为操作箱压力低禁止重合闸回路。汇控柜内继电器 CYJ 采用第一组控制电源为继电器励磁电源，采用常闭接点。当第一组控制电源断开后，CYJ 常

	31	
101	32	X8-112
SZJ11-3	33	ZK-27
X8-27	34	X11-81
	35	
102 X6:76	36	SHJ-A2
102 KZJ1-6	37	SSJ1-A2
102 SZJ11-8	38	TBJA-A2
	39	
201	X7-40	ZK-31
X11-111	41	X8-33
SZJ21-3	42	
	43	
202	44	STJ2-A2
202	45	SSJ2-A2
202	46	SZJ21-8
	X7-47	
	48	

图 5-37　汇控柜 X7 端子排上 101 与 102 端子接线图

闭接点闭合，102 与 108 接通，108 连至操作箱 102。因操作箱 102 绝缘低，从而导致汇控柜 102 绝缘低。前面汇控柜检查时，汇控柜 X7 端子只拆了对外的 101 与 102，而 102 所连 X7：36 跳转 X6：76 端子，X6：76 经过汇控柜内跳线及连线后至 CYJ 继电器，经 CYJ 常闭接点至 108。该回路没拆除导致汇控柜内 102 端子绝缘不合格。汇控柜 X7 端子排上 101 与 102 端子接线图如图 5-37 所示。

（2）HYJ（合闸低油压闭锁继电器）、TYJ1（分闸油压低闭锁 1 继电器）、CYJ 的励磁回路导致汇控柜 101 端子、102 端子绝缘连通。因汇控柜 102 端子绝缘低，导致汇控柜 101 端子绝缘低。

HYJ、TYJ1、CYJ 的励磁回路中，开关储能行程开关在储能状态时对应接点是闭合的。因为继电器励磁回路，导致汇控柜 101 端子、102 端子绝缘连通。HYJ、TYJ1、CYJ 的励磁回路如图 5-38 所示，开关对应常开/常闭行程接点如图 5-39 所示。

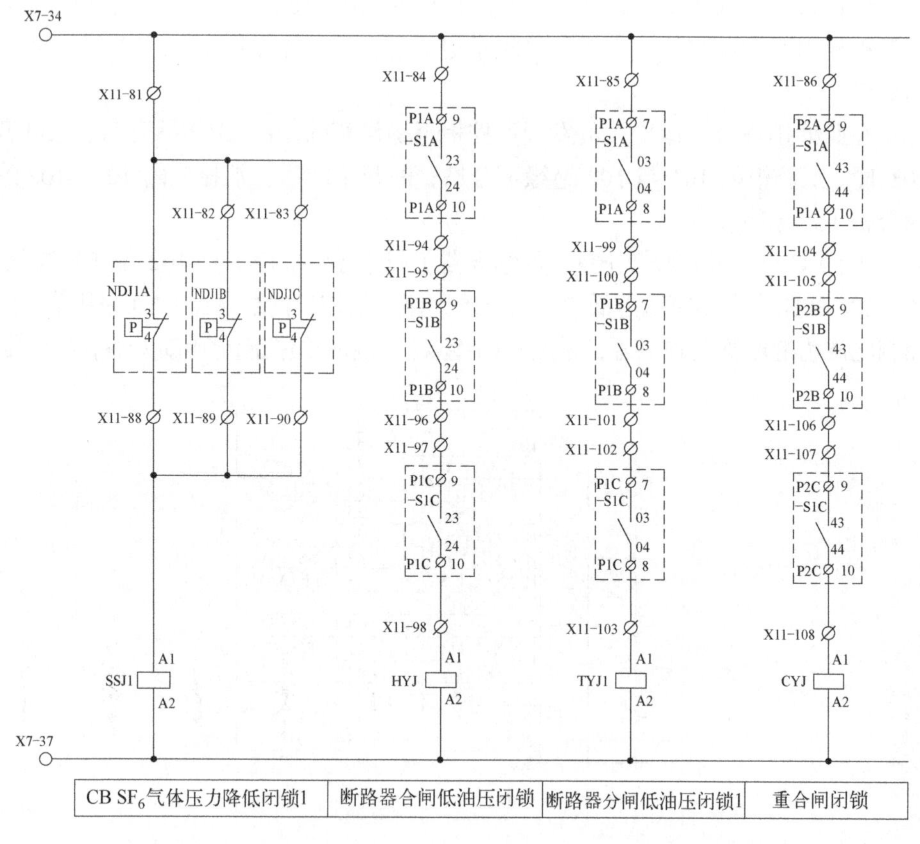

图 5-38　HYJ、TYJ1、CYJ 的励磁回路

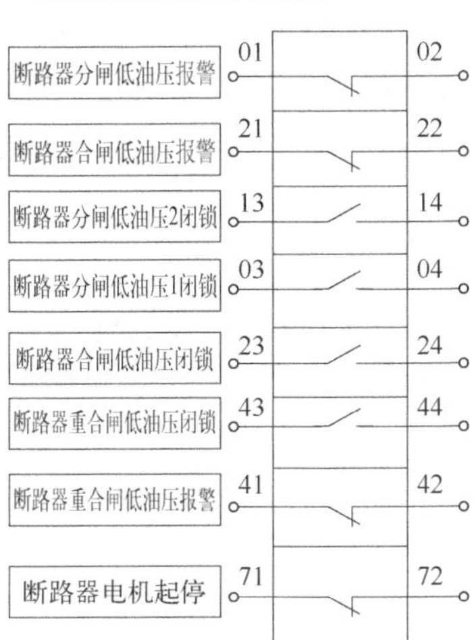

图 5-39　开关对应常开/常闭行程接点

运检人员对操作箱出口回路进行隔离，挑开 4C1D 端子排出口的全部刀片逐个测试 137 回路（跳闸）、107 回路（合闸）、109 回路（跳位监视）。测试发现，操作箱 101、102 绝缘合格，端子排外侧 107 与 109 回路三相的绝缘均不合格，进而判断是由于外部 107、109 回路绝缘低导致操作箱 101、102 绝缘低，以及所连接的汇控柜 101、102 绝缘低。4C1D 端子排如图 5-40 所示。

	33		
	4C1D		操作箱出口段1
3KD1a	1	4n307	A相合位监视
137A	2	4n714	A相跳闸出口
3KD3a	3	4n309	B相合位监视
137B	4	4n715	B相跳闸出口
3KD5a	5	4n311	C相合位监视
137C	6	4n716	C相跳闸出口
	7		
109A	8	4n203	A相跳位监视
107A	9	4n717	A相合闸出口
	10	4n705	A相防跳
109B	11	4n204	B相跳位监视
107B	12	4n718	B相合闸出口
	13	4n706	B相防跳
109A	14	4n205	C相跳位监视
107A	15	4n719	C相合闸出口
	16	4n707	C相防跳
	4C2D		操作箱出口段2

图 5-40　4C1D 端子排图

3. 开关机构排查

因 107 回路（合闸）、109 回路（跳位监视）均正端分相，负端并接，为判断绝缘异常回路相别，运检人员将 X9：8 处至 A 相（X8：8）与 C 相（X10：8）解开。再逐相测试。测试结果为 107 回路和 109 回路 A、C 相绝缘合格，B 相绝缘不合格。

4. 故障定位

因为 107 回路 B 相与 109 回路 B 相有并接点（X9-1），为尽快定位故障，运检人员以 X9-1 为分界点，如图 5-41 所示，分上下两段测试。测试结果上下两段均绝缘不合格。

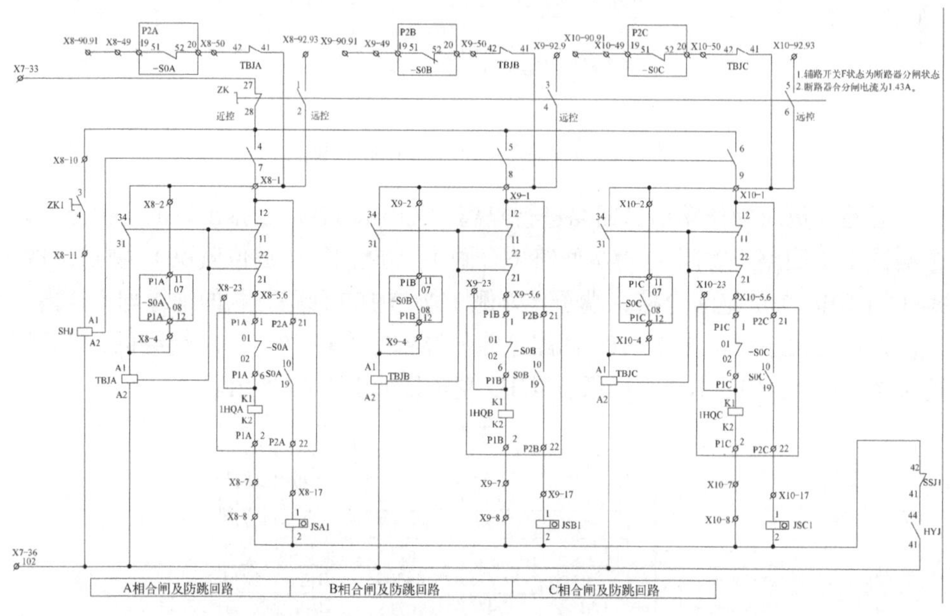

图 5-41　开关机构原理图

上段将 107 回路与 109 回路拆解分别测量，测出 107 回路绝缘合格，109 回路绝缘不合格；下段将合闸与合闸计数回路分开测量，测出合闸回路绝缘合格，合闸计数回路绝缘不良。最终确认 2 处绝缘不合格位置。

绝缘异常点 1 为 B 相机构箱至汇控柜的位置监视回路电缆（对应开关机构航空插头 2 的 19、20 端子，汇控柜 X9：49、X9：50 端子），绝缘异常点 2 为开关 B 相机构箱至汇控柜的合闸计数器回路电缆（对应开关机构航空插头 2 的 21、22 端子，汇控柜 X9：3，X9：17 端子）。

（三）处置情况

确认绝缘低的电缆后，运检人员采用更换对应备用接点及汇控柜加跳线的方式替换绝缘低电缆芯线，问题电缆对应节点如图 5-42 所示，替换的备用接点如图 5-43 所示。

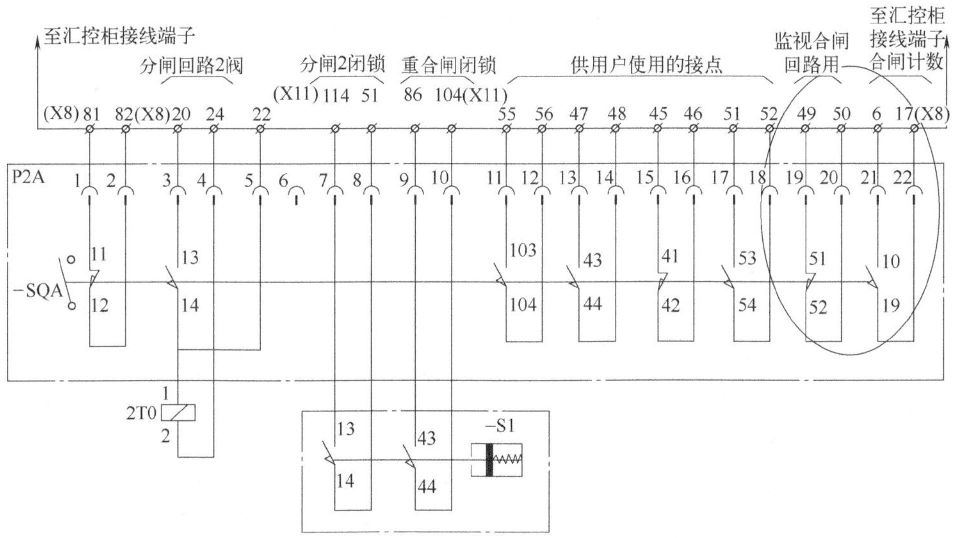

图 5-42　问题电缆对应节点

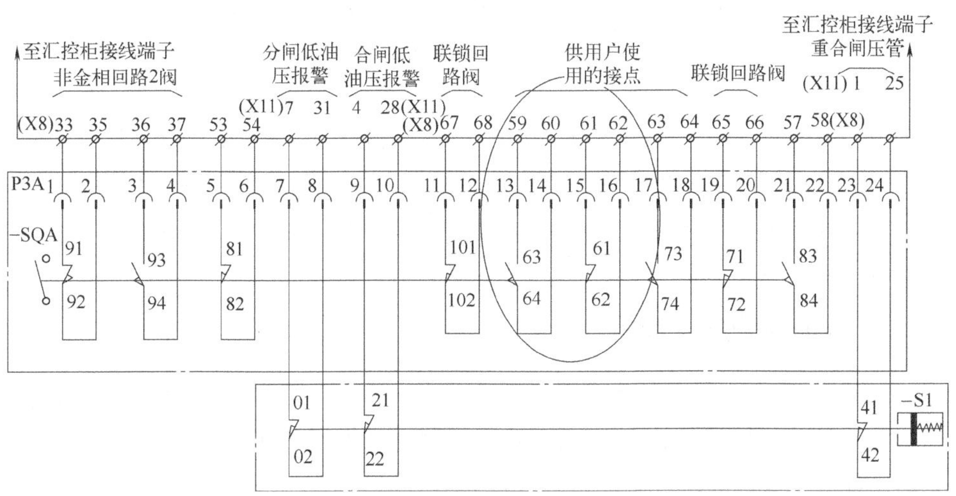

图 5-43　替换的备用接点

（1）拆开 B 相机构箱罩子，再拆 B 相航空插头，拔出 2 号插头，测量机构内部与外部电缆绝缘。测试结果为外部电缆绝缘低，机构内部没有问题。

（2）找到与原开闭辅助接点一致的备用接点（X9：59、X9：60）（X9：61、X9：62），测试备用接点已引出的电缆绝缘合格，将原汇控柜 X9：49，X9：50、汇控柜 X9：3，X9：17 至开关机构侧接线退出，增加 X9：59 至 X9：3，X9：60 至 X9：17，X9：61 至 X9：49，X9：62 至 X9：50 跳线。

（3）更换备用接点后，测试回路绝缘为 11.3MΩ，合格，再遥控分合 5073 开关，开关动作正常。

（四）排查过程中问题思考

本次异常处置过程用时较长，运检人员分析主要原因为：排查分界面选择不当，回路隔离不完全。

为确认是汇控柜及机构问题还是至小室电缆或装置问题，运检人员最初排查时考虑外部设备出现问题的概率较大，在对汇控柜和保护屏的排查分界面上选择了汇控柜。由于汇控柜端子跳转接较多，运检人员分界面回路隔离不完全，只拆分 101 与 102，遗漏了 108，从而导致汇控柜 101、102 端子绝缘低，排查走了弯路，浪费了时间。

为确认为何汇控柜 101、102 端子绝缘低，现场采用最直接的方法拆除 101、102 端子并标号，逐一恢复并测试。当时运检人员判断如此操作，比将每个回路的来去端子关系在图纸上逐一找出要快得多，逐一恢复测试时发现了 X7 端子上到 X6：76 端子存在绝缘低问题，进而找到 X6：76 端子跳线、转接、所接继电器回路，最后转到 108 回路。运检人员恢复 X6：76 后，再去操作箱侧拆分分界，进行操作箱排查。

由于汇控柜内端子接线跳转、并接以及继电器开、闭接线比较复杂，而保护屏内对外的接线分段比较清晰。如果第一次排查将分界面选择在保护屏上（操作箱在保护屏），其回路隔离要比汇控柜直观清晰得多，如此操作至少可以节约 1h 排查时间。

（五）后续建议措施

（1）本次发现的电缆绝缘低问题已入一站一库，后续结合停电更换电缆。

（2）后续遇到类似排查，有条件的情况下优先采用保护屏端子排作为现场设备与保护屏设备的分界面进行拆分，采用汇控柜端子排为分界面时要把至保护屏的回路隔离完全。

三、某变电站油色谱和光声光谱在线监测装置网络配置及组网改进分析

2021 年 6 月 5 日，某变电站后台报出全部光声光谱在线监测装置短时通信中断后复归，两台主变、三台高抗共 15 台设备连续刷屏，影响后台监盘工作。

（一）组网结构及分析

1. 网络结构

原油色谱在线监测装置网络为 485 环形组网结构，于 2020 年因增加远程功能的工控机将通信方式改为 61850 模式，同时组网结构变更为两组多交换机级联结构，主变一组级联，高抗一组级联。2021 年 7 月，新增光声光谱在线监测装置，每台光声光谱并无网络通信设备，而是借由油色谱网络组网。汇聚交换机与各间隔交换机均为同型号小型二层交换机。

2. 数据传输路由情况分析

各油色谱子 IED 均有独立的 IP 地址，工控机与在线监测主 IED 均可以对各个油色谱子 IED 分别独立通信采集数据并控制。油色谱数据处置策略及虚拟遥信信息均为主 IED 处理后上送，综合应用服务器只与主 IED 进行通信并采集数据，数据量较少。

光声光谱在线监测装置并未建立新网络，各光声光谱在线监测装置同样设置 IP 地址，与综合应用服务器和工控机均分别独立通信，每台均独立处理数据策略及虚拟遥信信息等。最恶劣的情况，综合应用服务器与江莲 I 线 A 相光声光谱之间级联 10 台交换机。针对 IEC 61850 通信的组网结构，任两台智能电子设备之间的数据传输路由不应超过 4 台交换机。级联交换机过多时，将会导致数据传输不稳定情况。同时，都榕 I 线 C 相油色谱在线监测柜内设备较多，油色谱主 IED 以及高抗重症监护 IED 均设置于此，箱内温度较高，交换机工况恶劣，有温度过高现象。初步分析判断，交换机数据压力大，多层级联通信以及温度过高是光声光谱频繁通信中断的主要原因。

（二）后续措施及建议

组网的改造方式基本以光声光谱独立组网、星形辐射方式为主，实施方式建议有以下 3 种。

1. 方案一：光声光谱装置独立辐射式组网

在都榕 I 线 C 相光声光谱柜内加装一台高质量总汇聚交换机，并对全部光声光谱装置辐射式组网。将与站控层网络交换机链接的光纤（原油色谱总交换机

处）改至该新增的总汇聚交换机处。光声光谱柜内有空调，该方案既解决了交换机发热问题，同时又能解决级联过多问题。该方案敷设的光纤较多，共需要新增14根光缆，施工量较大。

2. 方案二：每三台装置共用一台交换机

与方案一一样，在都榕Ⅰ线C相光声光谱柜内加装总汇聚交换机。每三台设备共用一台交换机，加装的交换机辐射式组网至一台总交换机。

该方案3台交换机级联，需要新增4根长光缆和10根铠装网线，光纤及施工量略大。也可以考虑在该方案基础上改进升级，4号主变C相级联到3号主变C相，江莲Ⅰ线C相级联到都榕Ⅱ线C相，这样最多级联4台交换机，依然满足要求。

3. 方案三：每三台装置级联

与方案一一样，在都榕Ⅰ线C相光声光谱柜内加装总汇聚交换机。同时利用原有网络，每三台设备级联处打开级联连接，新增光纤至总汇聚交换机。该方案仅需要一台总交换机，但是存在5级交换机级联，新增敷设4根长光缆。

（三）整改情况

中心于2021年12月13日根据方案二每三台装置共用一台交换机完成了光声光谱组网改造，投运8个月以来运行稳定，未再发生光声光谱在线监测装置短时通信中断后复归异常告警。

第四节　智能变电站总控测控装置的异常维护

一、某变电站3号主变220kV测控及35kV本体测控信号回路绝缘异常分析

（一）异常现象

500kV某变电站3号主变及其三侧设备的停电检修过程中，信号回路绝缘测试发现3号主变220kV测控信号回路绝缘数据3.9MΩ及35kV本体测控信号回路绝缘数据0.8MΩ，阻值偏低。现场检查发现3号主变220kV 26036主变闸刀、3号主变中性点小电抗闸刀的辅助开关接点绝缘下降，引发信号回路绝缘降低（图5-44、图5-45）。

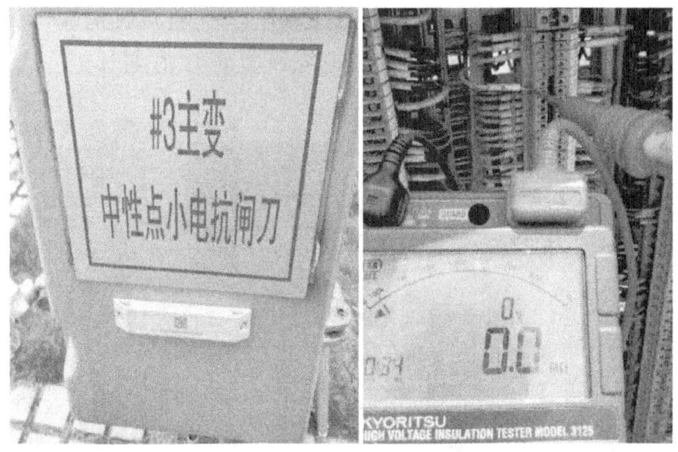

图 5-44　3 号主变中性点小电抗闸刀机构信号回路绝缘数据

图 5-45　3 号主变 220kV 26036 主变闸刀机构信号回路绝缘数据

（二）异常设备信息

闸刀机构为西门子 2008 年产品，其内部无凝露，长投低功率加热器正常运行，排气孔正常。

（三）现场检查情况

（1）断开 3 号主变 35kV 本体测控装置信号电源空开，将 6 根 9001 电缆依次拆开，分别测量回路绝缘，发现开关端子箱内端子排右侧：43 端子所接 9001 电缆绝缘 0MΩ，其他 9001 电缆绝缘均大于 30MΩ，均正常。检查电缆走向，发现该 9001 电缆终点在 3 号主变中性点小电抗闸刀机构端子箱（图 5-46、图 5-47）。隔离此电缆芯后，信号电源绝缘恢复正常范围。

图 5-46　3 号主变 35kV 端子箱端子排

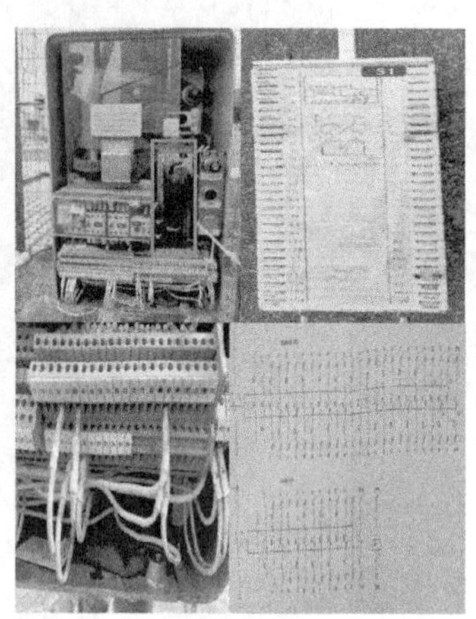
图 5-47　3 号主变中性点小电抗闸刀机构端子箱内部

检查发现机构箱内闸刀辅助开关老化严重，其所有辅助接点绝缘测试最高 3.3MΩ，最低 0，从而导致经常出现位置信号连续刷屏现象，现场已无备用接点可用，需整组更换。

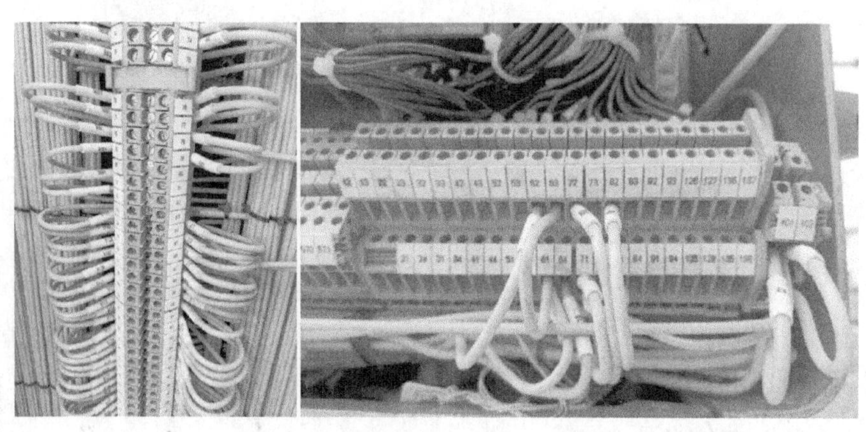
图 5-48　3 号主变 220kV 26036 主变闸刀机构端子箱内部图

（2）断开 3 号主变 220kV 测控装置信号电源空开，将 10 根 9001 电缆依次拆开，分别测量回路绝缘，发现开关端子箱内端子排左侧：78 端子所接 9001 电缆绝缘 3.9MΩ，其他 9001 电缆绝缘均大于 50MΩ，均正常。检查电缆走向，发现该 9001 电缆终点在 3 号主变 220kV 26036 主变闸刀机构端子箱（图 5-48）。隔离此电缆芯后，信号电源绝缘恢复正常范围。检查发现机构箱内闸刀辅助开关老化，其剩余备用辅助接点绝缘测试最高 16MΩ，最低 3.9MΩ，现场更换备用接点后，信号电源整体绝缘恢复 10MΩ 以上。

（四）总结及建议

（1）本次 3 号主变 220kV 测控及 35kV 本体测控信号回路绝缘低异常，原因均为闸刀机构箱结构设计问题及排气孔孔距偏小易堵塞，导致箱体内产生的潮气无法顺利排出（低功率长投加热器正常工作），潮气在箱体内上下游动，久而久之潮气附着在闸刀辅助开关、分合闸继电器、热电偶继电器等相关附件上，导致绝缘性能下降，功能失常。此次 C 检工作过程中除常规更换长励磁继电器外，另外新增加更换闸刀辅助开关 1 只、分合闸继电器、热电偶继电器共 12 只。更换西门子闸刀机构箱排气孔，原排气孔扩孔后，通气环境得到改善。

（2）针对西门子开关机构、闸刀机构运行超 10 年设备，建议逢停电机，安排厂家技术人员统一更换运行状况欠佳的电路板、辅助开关、继电器、切换把手等相关附件，减少直流接地发生概率，确保设备正常运行，从而服务电网系统。

二、某变电站副母分段间隔闭锁逻辑异常分析报告

（一）事件概况

2022 年 3 月 3 日，某变电站配合副母分段快速开关改造副母Ⅰ段停役时，操作发现母线地刀无法合闸。现场检查为副母Ⅰ段测控装置闭锁逻辑配置错误，现场修改配置后，母线地刀遥控操作合闸成功。同时检查发现副母Ⅱ段测控闭锁逻辑配置也存在相同问题，随即一并修改下装。3 月 4 日—5 日，协同运维专业验证副母分段间隔闭锁逻辑情况正常。

某变电站 220kV 副母Ⅰ段、Ⅱ段测控装置采用某公司 NSD500M 系列装置，本期 220kV 副母分段测控采用某公司 NS3560 系列装置，均采用 61850 通信协议。副母分段闸刀与母线地刀存在相互闭锁关系，因两者测控模型不一致，副母分段测控装置新上后，需对副母Ⅰ段、Ⅱ段测控装置进行配置修改并下装，2 月 26 日完成该项工作。

（二）原因分析及现场处置情况

异常发生后，组织某公司厂家检查相关配置文件，对原因进行细致分析。检查 220kV 副母Ⅰ段测控配置文件，图 5-49 为改造前集成文件中虚端子连接表

（序号 No.64-98），虚端子连接序号 No.96、98 为原副母分段测控中副母 I 段闸刀 26221 分位、合位，图 5-50 为改造后新增了 2 条记录，虚端子连接序号 No.100、102 对应新副母分段测控中副母 I 段闸刀 26221 的合位、分位。

No.	Out Reference	Out Description	In Reference	In Des...ption	Data Type
64	CL2201M.CTRL/BinInGGIO1.Ind18.stVal	巢港44172副母闸刀分位	GOLD/GOINGGIO6.Ind1.stVal	相关遥信1	BOOLEAN
65			GOLD/GOINGGIO6.Ind1.q	相关遥信1	Quality
66	CL2201M.CTRL/BinInGGIO1.Ind17.stVal	巢港44172副母闸刀合位	GOLD/GOINGGIO6.Ind2.stVal	相关遥信2	BOOLEAN
67			GOLD/GOINGGIO6.Ind2.q	相关遥信2	Quality
68	CL2202M.CTRL/BinInGGIO1.Ind18.stVal	凤港44182副母闸刀分位	GOLD/GOINGGIO6.Ind3.stVal	相关遥信3	BOOLEAN
69			GOLD/GOINGGIO6.Ind3.q	相关遥信3	Quality
70	CL2202M.CTRL/BinInGGIO1.Ind17.stVal	凤港44182副母闸刀合位	GOLD/GOINGGIO6.Ind4.stVal	相关遥信4	BOOLEAN
71			GOLD/GOINGGIO6.Ind4.q	相关遥信4	Quality
72	CL2203M.CTRL/BinInGGIO1.Ind18.stVal	港田44192副母闸刀分位	GOLD/GOINGGIO6.Ind5.stVal	相关遥信5	BOOLEAN
73			GOLD/GOINGGIO6.Ind5.q	相关遥信5	Quality
74	CL2203M.CTRL/BinInGGIO1.Ind17.stVal	港田44192副母闸刀合位	GOLD/GOINGGIO6.Ind6.stVal	相关遥信6	BOOLEAN
75			GOLD/GOINGGIO6.Ind6.q	相关遥信6	Quality
76	CL2204M.CTRL/BinInGGIO1.Ind18.stVal	港巢44202副母闸刀分位	GOLD/GOINGGIO6.Ind7.stVal	相关遥信7	BOOLEAN
77			GOLD/GOINGGIO6.Ind7.q	相关遥信7	Quality
78	CL2204M.CTRL/BinInGGIO1.Ind17.stVal	港巢44202副母闸刀合位	GOLD/GOINGGIO6.Ind8.stVal	相关遥信8	BOOLEAN
79			GOLD/GOINGGIO6.Ind8.q	相关遥信8	Quality
80	CL2205M.CTRL/BinInGGIO1.Ind18.stVal	港宁44232副母闸刀分位	GOLD/GOINGGIO6.Ind9.stVal	相关遥信9	BOOLEAN
81			GOLD/GOINGGIO6.Ind9.q	相关遥信9	Quality
82	CL2205M.CTRL/BinInGGIO1.Ind17.stVal	港宁44232副母闸刀合位	GOLD/GOINGGIO6.Ind10.stVal	相关遥信10	BOOLEAN
83			GOLD/GOINGGIO6.Ind10.q	相关遥信10	Quality
84	CL2206M.CTRL/BinInGGIO1.Ind18.stVal	港园44242副母闸刀分位	GOLD/GOINGGIO6.Ind11.stVal	相关遥信11	BOOLEAN
85			GOLD/GOINGGIO6.Ind11.q	相关遥信11	Quality
86	CL2206M.CTRL/BinInGGIO1.Ind17.stVal	港园44242副母闸刀合位	GOLD/GOINGGIO6.Ind12.stVal	相关遥信12	BOOLEAN
87			GOLD/GOINGGIO6.Ind12.q	相关遥信12	Quality
88	CB2601.CTRL/BinInGGIO1.Ind11.stVal	1号主变220kV26012副母闸刀分位	GOLD/GOINGGIO6.Ind13.stVal	相关遥信13	BOOLEAN
89			GOLD/GOINGGIO6.Ind13.q	相关遥信13	Quality
90	CB2601.CTRL/BinInGGIO1.Ind12.stVal	1号主变220kV26012副母闸刀合位	GOLD/GOINGGIO6.Ind14.stVal	相关遥信14	BOOLEAN
91			GOLD/GOINGGIO6.Ind14.q	相关遥信14	Quality
92	CE2201N.CTRL/BinInGGIO1.Ind16.stVal	220kV1号母联26112副母闸刀分位	GOLD/GOINGGIO6.Ind15.stVal	相关遥信15	BOOLEAN
93			GOLD/GOINGGIO6.Ind15.q	相关遥信15	Quality
94	CE2201N.CTRL/BinInGGIO1.Ind13.stVal	220kV1号母联26112副母闸刀合位	GOLD/GOINGGIO6.Ind16.stVal	相关遥信16	BOOLEAN
95			GOLD/GOINGGIO6.Ind16.q	相关遥信16	Quality
96	CF2202N.CTRL/BinInGGIO1.Ind14.stVal	220kV副母分段26221 I 段闸刀分位	GOLD/GOINGGIO6.Ind17.stVal	相关遥信17	BOOLEAN
97			GOLD/GOINGGIO6.Ind17.q	相关遥信17	Quality
98	CF2202N.CTRL/BinInGGIO1.Ind13.stVal	220kV副母分段26221 I 段闸刀合位	GOLD/GOINGGIO6.Ind18.stVal	相关遥信18	BOOLEAN

图 5-49 原副母分段测控副母 I 段闸刀分合位

No.	Out Reference	Out Description	In Reference	In Des...ption	Data Type
99			GOLD/GOINGGIO6.Ind18.q	相关遥信18	Quality
100	CF2622A.CTRL/BinInGGIO1.Ind13.stVal	新220kV副母分段26221合位	GOLD/GOINGGIO6.Ind19.stVal	相关遥信19	BOOLEAN
101			GOLD/GOINGGIO6.Ind19.q	相关遥信19	Quality
102	CF2622A.CTRL/BinInGGIO1.Ind14.stVal	新220kV副母分段26221分位	GOLD/GOINGGIO6.Ind20.stVal	相关遥信20	BOOLEAN
103			GOLD/GOINGGIO6.Ind20.q	相关遥信20	Quality
104			GOLD/GOINGGIO6.Ind21.stVal	相关遥信21	BOOLEAN
105			GOLD/GOINGGIO6.Ind21.q	相关遥信21	Quality
106			GOLD/GOINGGIO6.Ind22.stVal	相关遥信22	BOOLEAN
107			GOLD/GOINGGIO6.Ind22.q	相关遥信22	Quality
108			GOLD/GOINGGIO6.Ind23.stVal	相关遥信23	BOOLEAN
109			GOLD/GOINGGIO6.Ind23.q	相关遥信23	Quality
110			GOLD/GOINGGIO6.Ind24.stVal	相关遥信24	BOOLEAN

图 5-50 新副母分段测控副母 I 段闸刀分合位

继续查看副母 I 段测控闭锁逻辑配置文件中母线地刀的闭锁关系，如图 5-51 所示。

图 5-51 中，代表该条件为 0，代表该条件为 1。DI 开头的信息点是本间隔采集的遥信点，VDI64~VDI83 的信息点为测控装置跨间隔采集的虚拟点，与集成文件中虚端子连接序号的对应关系如下：

VDI64-No.64　　VDI65-No.66　　VDI66-No.68

VDI67-No.70　　VDI68-No.72　　VDI69-No.74

VDI70-No.76　　VDI71-No.78　　VDI72-No.80

VDI73-No.82　　VDI74-No.84　　VDI75-No.86

VDI76-No.88　　VDI77-No.90　　VDI78-No.92
VDI79-No.94　　VDI80-No.96　　VDI81-No.98
VDI82-No.100　　VDI83-No.102

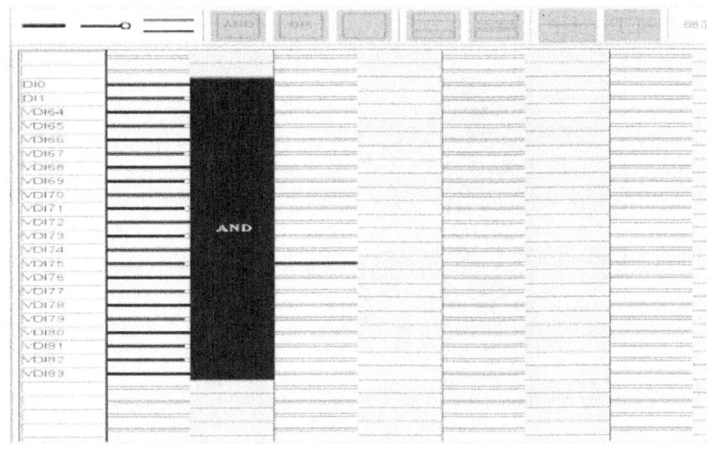

图 5-51　母线地刀闭锁关系（异常情况）

由以上对应关系可知，VDI80 对应集成文件中虚端子连接的 No.96（原副母分段 26221 闸刀分位），VDI81 对应集成文件中虚端子连接的 No.98（原副母分段 26221 闸刀合位），VDI82 对应集成文件中虚端子连接的 No.100（新副母分段 26221 闸刀合位），VDI83 对应集成文件中虚端子连接的 No.102（新副母分段 26221 闸刀分位）。

本期改造过程中，在进行 220kV 副母Ⅰ段母线测控闭锁逻辑配置时，文件中新增 VDI82、VDI83 之后，未将 VDI80、VDI81 两个逻辑条件清空，导致母线地刀闭锁逻辑条件不满足（原副母分段 26221 闸刀分位已拆除，该位置无法上送），因此遥控无法操作。220kV 副母Ⅱ段测控闭锁逻辑配置异常同上所述。

处理措施：现场将 220kV 副母Ⅰ段、Ⅱ段测控闭锁逻辑配置文件中 VDI80、VDI81 两个逻辑条件清空后，如图 5-52 所示，母线地刀操作恢复正常。

（三）现场改造工作安排情况

某变电站 220kV 副母Ⅰ、Ⅱ段原计划 2 月 25 日—28 日期间轮停配合副母分段快速开关耐压及二次搭接、传动，后台配置、联调等工作。因负荷控制原因，某变电站 220kV 副母Ⅰ、Ⅱ段临时推迟，考虑到 3 月份春检高峰期人员承载力及涌潮母线停电时间的不确定性，母线测控配置修改等二次工作仍按原计划在 2 月份实施。

2 月 26 日，在 220kV 副母Ⅰ段、Ⅱ段测控装置闭锁逻辑配置文件下装后，现场已进行部分测试，且新副母分段测控已与母线测控通信正常，刀闸位置传递正常。但母线上各线路间隔闸刀为合位，完整闭锁逻辑无法验证（除非在各线路间隔测控进行置位），因此未能及时发现母线测控内闭锁逻辑存在多余的原副母分段测控逻辑条件。

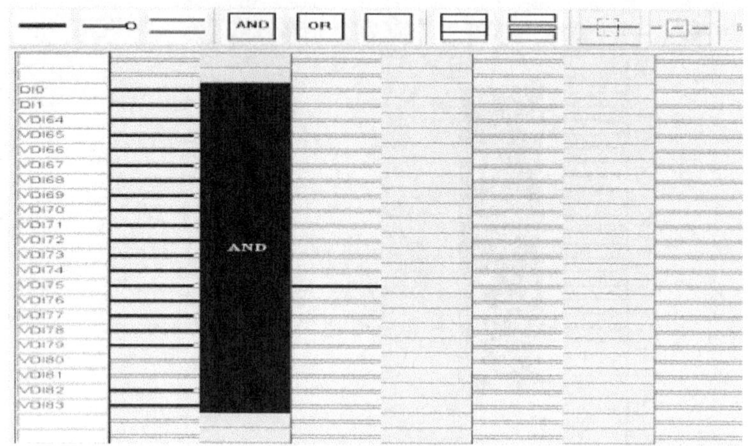

图 5-52　母线地刀闭锁关系（正常情况）

因 220kV 副母分段间隔闭锁逻辑试验在母线停役后进行，前期未进行完整闭锁逻辑验证，考虑到可能会影响 220kV 母线停役，提前安排专业人员及厂家人员进驻某变电站陪操。出现副母Ⅰ段母线地刀操作异常时，第一时间组织查找分析原因，确定异常并整改，在 1h 内解决问题，不影响当日副母分段耐压试验工作。

（四）暴露的问题

（1）现场后台工作负责人经验不足（2019 年参加工作，新晋工作负责人），对测控配置更改的风险辨识不到位，未能及时发现厂家配置文件错误。

（2）测控配置文件更改后的相关正确性验证缺乏有效的技术手段支撑，单纯依靠检修人员肉眼识别往往存在疏漏。

（3）厂家服务人员技术技能水平不足，该名厂家人员原先主要在西北地区从事技术服务工作，对省地区自动化系统规范认识不全面。

（4）停电计划多变对现场工作安排存在困扰，涌潮母线停电时间一再推迟导致一、二次工作未同步开展，导致无法第一时间验证该间隔闭锁逻辑正确性。

（五）后续整改措施

（1）加强自动化人才梯队建设，结合 2022 年自动化专业“人人过关”及竞赛调考，加强技术技能培训，提升青年员工技术技能水平，提高自动化作业风险辨识能力和对厂家人员的管控能力。同时提升对后台、远动等自动化工作重视程度，对作业风险高的自动化作业安排经验丰富人员担任工作负责人。

（2）加快自动化、专业工厂化检修平台建设，不断强化技术手段支撑，通过新老文件自动比对提前验证配置修改正确性，减轻现场工作压力。

（3）建立专业“黑名单”制度，及时约谈厂家，将不合格人员剔除出公司厂家服务人员名单。要求各大厂家固化服务人员，安排技术技能水平过硬人员参与现场作业，严禁在现场“锻炼”新人。

（4）闭锁逻辑配置时，具备停电验证条件的，运行间隔的逻辑在停电后再下装并验证，不具备停电验证条件的，配置下装后立即进行置位等不停电验证。

三、某变电站双枫 2371 测控装置告警监控后台无信号分析报告

（一）情况简介

2021 年 12 月 29 日，运检人员巡视发现 500kV 某变电站双枫 2371 线测控装置（装置型号：国电某公司 PSR662U）的 4 号板件（交流采样板）故障，测控装置报告警、装置告警灯亮（图 5-53），监控后台显示双枫 2371 线间隔的遥测值为 0，监控后台双枫 2371 线测控装置告警信号光字不亮、无任何报文上送，现场重启测控后恢复正常，信号复归。

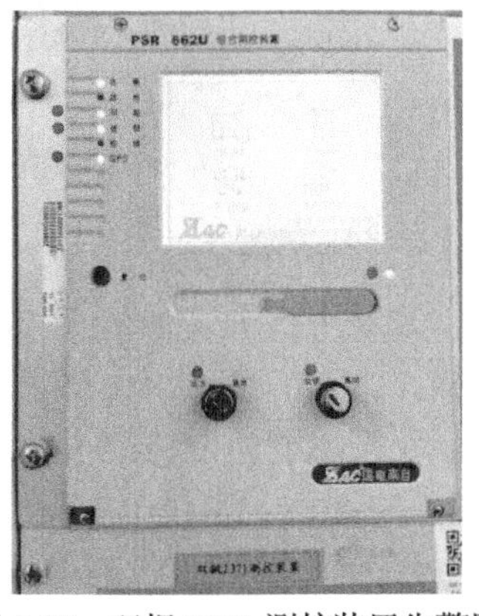

图 5-53　双枫 2371 测控装置告警图

（二）处理过程

测控装置的“装置告警”信号是反映测控装置状态的重要信息，一般会通过装置的硬接点上送监控后台。现场运检人员将此异常情况汇报中心二次专业人员，通过查询装置说明书发现原设计图中测控装置 MMI 板中测控装置告警接点为 3X：1、3X：3，其中 3X：2 为备用接点，而现场装置背板的实际接线为 3X：1、3X：2，其设计图与背板实际接线图如图 5-54 所示。中心二次专业人员将该情况反馈国电某公司厂家，经厂家实验室模拟确认该测控装置告警接点应为 MMI 板的 3X：1、3X：3。

由于装置告警信号是测控装置的内部告警，一般情况下难以模拟触发，结合现场实际条件和厂家实验室的模拟结果，准备采用删除 MMI 板 set 文件夹内配置文件方式触发测控装置内部告警，并更改双枫 2371 测控装置 MMI 板的告警信号接线，重启现场测控装置后便可模拟验证故障现象。

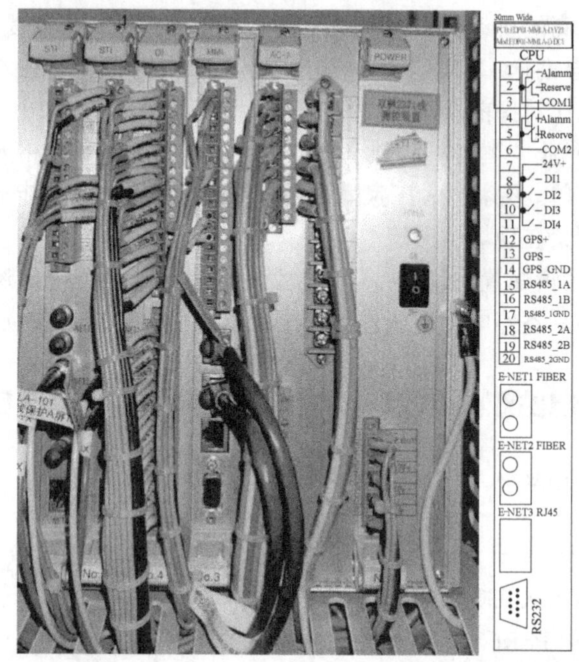

图 5-54　PSR 660U 系列数字式综合测控装置 MMI 模块背板端子设计图与实际接线图

2022 年 1 月 20 日，运检人员联系厂家进行了现场模拟验证，现场申请封锁双枫 2371 线间隔遥测、遥信数据，做好双枫 2371 线测控装置定值参数备份并记录后，采用上述方法模拟触发了装置告警信号，装置告警信号触发成功后测量 MMI 板接点，测得 3X：1 与 3X：3 之间接点导通，3X：1 与 3X：3 电位为+57.92V，3X：2 电位为–3.892V，判断现场测控装置 MMI 板 3X：1、3X：3 为测控装置告警接点，现场测量如图 5-55、图 5-56 所示。

图 5-55　测控装置触发告警触发后接点电位测量图

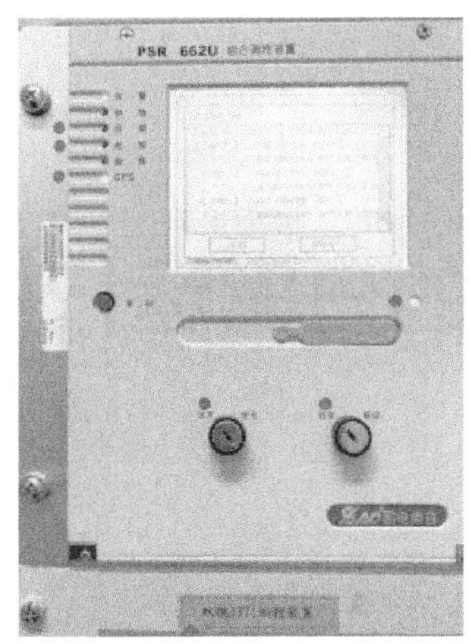

图 5-56　测控装置现场模拟触发告警面板指示灯图

现场运检人员更改双枫 2371 线测控装置 MMI 板接线后，测控装置告警信号上送正常。双枫 2371 线测控装置异常处理完成后，根据公司自动化专业要求，对 500kV 某变电站全站测控装置进行了全面排查，发现某变电站全站 55 台国电某公司 PSR662U 测控装置均存在同样问题，中心计划 2022 年 1 月 25 日安排集中整改处理。

（三）原因及风险分析

原因分析：①该问题直接原因系双枫 2371 测控装置出厂时，装置内部配线接错导致，且该信号一般情况难以触发，因此很难通过验收发现；②测控装置告警信号源头模拟需厂家配合删除 MMI 板配置文件，测控装置调试核对信号时一般采用短接端子排接点方式，无法通过装置的信号联调核对发现装置内部的接线错误，直至测控装置内部故障触发装置告警时才发现。

风险分析：如果测控装置告警信号不能实时反馈在监控后台，当测控装置发生装置硬件故障、开入开出异常等内部故障时，运检人员无法及时发现测控装置异常情况并采取有效的应急措施。若因测控装置开出板件故障导致无法正常遥控开关，而后台监控无任何告警信号，不能及时提醒运检人员，则可能存在开关遥控失败的风险。

（四）预防措施及建议

（1）运检中心将开展同类设备测控装置告警信号排查、整改。

（2）设备验收期间加强对测控信号的检查，要求厂家配合，从源头模拟信号。

第六章 智能变电站的日常运行操作及维护

第一节 智能变电站的防误设置及验收

变电站是电网的重要枢纽和关键节点，在推进新型电力系统建设、提高电网智能化水平的进程当中，智能变电站的应用研究是至关重要的。[1]智能变电站具有完善的全站性实时防误闭锁功能，站内设备具有完备的闭锁逻辑。对于110kV及以上设备，一般采用“监控系统防误闭锁+设备间隔内电气闭锁”的方式来实现防误操作功能；若采用GIS设备，则一般采用“监控系统防误闭锁+完善的电气闭锁”的方式来实现防误操作功能；35kV及以下电压等级开关柜间隔由于接线方式简单，其防误回路相对比较简单，一般采用电气闭锁、柜内机械闭锁来实现防误功能。

一、智能变电站与常规变电站防误技术的区别

（一）操作方式

常规变电站就地操作是在变电站间隔层I/O测控单元上和设备间隔端子箱内或机构箱内对设备进行的操作。

智能变电站就地操作是在智能终端处或机构箱内对设备进行的操作。

（二）解锁方式

常规变电站解锁分为间隔层I/O测控单元软解锁和间隔层I/O测控单元硬解锁，均是在测控装置上进行的操作。

[1] 冉启鹏，吴飞，李洪江，等.智能变电站应用研究［J］.云南电力技术，2022，50（3）：88.

智能变电站解锁则在间隔层I/O测控单元软解锁和间隔层I/O测控单元硬解锁基础上，增加智能终端处防误硬解锁。由于回路中监控系统闭锁最终是通过智能终端输出的闭锁触点实现，因此在智能终端闭锁输出触点异常或故障情况下，间隔层I/O测控单元软解锁和硬解锁均无法实现对设备的解锁功能。

（三）控制开关设置

每个间隔智能终端处设置一个解锁开关，若智能终端为双套配置，则一般在第一套智能终端处设置一个解锁开关。该解锁开关一般带有钥匙控制功能，具有“联锁”“解锁”两个位置，在“联锁”位置时钥匙才能拔出，钥匙拔出后能锁住解锁转换开关。

智能终端处单独引出的断路器远近控切换开关，一般不带钥匙闭锁功能，设置“远控”“近控”两个状态位置。

智能终端处单独引出的断路器分合闸控制开关，一般带钥匙闭锁功能，具有“分”“合”“断”三个状态位置，操作后能自动返回“断”的位置，一个控制开关对应一把钥匙（不通用）。

二、智能变电站的防误设置

（一）110kV及以上电压等级敞开式间隔

110kV及以上电压等级敞开式间隔一般采用“站端监控系统防误闭锁+设备间隔内电气闭锁”的方式来实现防误操作功能，不设置独立的微机防误操作系统。

1. 站端监控系统防误闭锁

站端监控系统应具有完善的全站性防误闭锁功能，除判别本间隔的闭锁条件外，一般还对其他跨间隔的相关闭锁条件进行判别。接入站端监控系统进行防误判的断路器、隔离开关及接地开关等一次设备位置信号一般采用动合、动断双位置接入校验。

2. 间隔电气闭锁

各电气设备间隔设置本间隔内的电气闭锁回路，一般不设置跨间隔之间的电气闭锁回路，跨间隔的防误闭锁功能由站端监控系统实现。

3. 解闭锁回路设置

站端监控系统防误闭锁与间隔内电气闭锁形成“串联”关系。站端监控系统防误闭锁回路及间隔内电气闭锁回路分别设置解闭锁（简称解锁）回路。其解锁回路的一般设置如下：

（1）解除监控系统防误逻辑闭锁时，不联解设备间隔内电气闭锁。

（2）解除设备间隔内电气闭锁时，不联解监控系统防误逻辑闭锁。

4. 闭锁逻辑与操作方式

一般变电站的隔离开关、接地开关具备电动、遥控功能，手动操作时也具有防误闭锁功能，其闭锁条件与电动操作时保持一致。

5. 专用接地装置的闭锁及布置

变电站常用临时接地线的接地点，一般设置专用接地装置。专用接地装置的位置触点接入对应测控装置，并参与防误闭锁逻辑条件判别：一般专用接地装置的动合动作触点与对应接地开关动合辅助触点并联并接入测控装置；装置的动断动作触点与对应接地开关动断辅助触点串联并接入测控装置，装置无对应接地开关的，其位置信号应单独接入测控装置。

变电站内专用接地装置的设置如下：

（1）主变压器本体各侧分别设置一个接地装置（含带消弧线圈的中性点侧）。

（2）消弧线圈进线开关与消弧线圈之间设置一个接地装置。

（3）站用变压器的高、低压侧各设置一个接地装置。

（4）室外电容器、电抗器进线电缆处设置一个接地装置。

（5）35kV 以及下开关柜，在各段母线设置一个接地装置（桥架过桥处或电压互感器手车柜处）。

（6）其他无接地开关配置但需满足检修工作的固定接地点。

（二）110kV 及以上电压等级 GIS（HGIS）间隔

一般采用“站端监控系统防误闭锁+完善的电气闭锁”的方式实现防误操作功能，不设置独立的微机防误操作系统。各电气设备间隔设置完善的电气闭锁回路，站端监控系统防误闭锁与间隔内电气闭锁形成“串联”关系。

一般线路带电显示器闭锁线路接地开关接入本间隔电气闭锁，线路电压互感器二次电压闭锁线路接地开关接入站端监控系统闭锁。

（三）35kV 及以下电压等级开关柜间隔

35kV 及以下电压等级开关柜间隔接线方式简单，其防误回路相对比较简单，一般采用电气闭锁、柜内机械闭锁来实现防误功能。电动操作和手动操作具有同样的闭锁功能和闭锁条件。

（1）线路间隔。一般线路开关手车在“试验”位置，线路带电显示器显示三相无电，后仓门关闭才能合上线路接地开关；线路接地开关分开，才能将开关手车从“试验”位置摇至“工作”位置。

（2）母线电压互感器间隔。柜后仓若有高压设备，则一般后仓门打开需要手车在“试验”位置；后仓门关闭才能将手车从“试验”位置摇至“工作”位置。

（3）分段断路器及分段隔离开关间隔。柜后仓门打开需要分段断路器手车、分段隔离开关手车均在“试验”位置；分段断路器及分段隔离开关柜后仓门均关闭，才能将分段断路器手车、分段隔离开关手车从“试验”位置摇至“工作”位置。

（4）电容器间隔。一般电容器开关手车在“试验”位置，电容器组隔离开关分开，才能合上电容器柜上接地开关；电容器组网门关闭，电容器组隔离开关合上，才能将电容器开关手车从“试验”位置摇至“工作”位置。

（5）电抗器间隔。一般电抗器开关手车在“试验”位置，电抗器组隔离开关分开，才能合上电抗器柜上接地开关；电抗器组网门关闭，电抗器组隔离开关合上，才能将电抗器开关手车从“试验”位置摇至“工作”位置。

（6）接地变压器间隔。一般接地变压器开关手车在“试验”位置，才能合上接地变压器柜上接地开关；接地变压器柜上接地开关合上，才能打开接地变压器网门，装设接地变压器高、低压桩头侧接地线；接地变压器网门关闭，接地变压器高、低压桩头侧接地线拆除，接地变压器柜上接地开关分开，才能将接地变压器开关手车从“试验”位置摇至“工作”位置。

（7）消弧线圈间隔。一般消弧线圈隔离开关分开，才能打开消弧线圈网门，装设消弧线圈高压桩头侧接地线；消弧线圈网门关上，消弧线圈高压桩头侧接地线拆除，相应母线上无单相接地，才能合上消弧线圈隔离开关。

（8）站用变压器间隔。一般站用变压器开关手车在“试验”位置，站用变压器高压隔离开关分开，才能合上站用变压器柜上接地开关；站用变压器网门关闭，站用变压器隔离开关合上，才能将站用变压器开关手车从“试验”位置摇至“工作”位置。

（四）站端监控系统

1. 站端监控系统的实现

监控系统具有完善的全站性逻辑闭锁功能，除判别本间隔内的闭锁条件外，一般还对其他跨间隔的相关闭锁条件进行判别。

间隔层 I/O 测控单元内建立防误规则库，一般可通过当地操作员工作站下载和上传，能以直观的文本显示。由于“防止误分、误合断路器”无强制性措施，因此一般在当地操作员工作站上设置预演模拟功能，相关设备只有在监控系统进行预演操作后，才开放相关预演设备遥控功能，达到防误要求。

监控系统的防误逻辑闭锁条件除了判断相关设备状态外，一般还加入必要的模拟量进行判别，间隔内隔离开关操作条件加入本间隔电流互感器（TA）二次无电流的判据，母线接地开关操作条件加入相应母线无电压的判据。

2. 操作员工作站一般功能要求

（1）具备完善的全站性防误闭锁功能，其防误规则库应与 I/O 测控单元中的完全一致。

（2）具备通用防误规则管理软件，提供编辑防误规则模板。通用防误规则模板可以生成包含各种常用典型接线的通用防误规则库文件。

（3）防误系统可通过操作员工作站向总控装置、间隔层 I/O 测控单元下载和上传防误规则实例文件。上传的防误规则可自动与操作员工作站中的防误规则库校对，发现规则不一致时能提示，并具有防误规则表打印功能。

（4）具备防误规则校验功能的模拟预演功能，模拟预演界面与正式操作界面应有明显的视觉区分。模拟预演后正式操作时和预演进行比对，发现不一致中止操作并告警。

（5）具有防误规则自动检验功能，以检验是否满足各类运行操作，检验可通过模拟功能进行各类运行操作校验。

（6）具有操作核对确认功能，在进行遥控操作时输入设备编号、操作人、监护人后方可执行操作，并保证设备编号的唯一性。

三、智能变电站的防误验收

（一）资料文件验收

1.“五防”装置原理资料验收

（1）防误闭锁原理接线图齐全、整洁，与现场实际一致。

（2）断路器、隔离开关操作回路闭锁原理接线图齐全、整洁，与现场实际一致。

（3）电气闭锁回路图和编码锁电气接线图齐全、整洁，与现场实际一致。

（4）接地桩布置图齐全、整洁，与现场实际一致。

（5）防误装置与其他装置的通信网络图齐全、整洁，与现场实际一致。

2. 出厂资料验收

（1）防误装置及相关元件的出厂合格证与现场一致。

（2）现场调试报告或自检报告正确、齐全。

（3）闭锁软件逻辑库和数据库备份正确、齐全。

（二）防误锁具验收

（1）防误锁具位置安装正确、牢固可靠，防误锁具及附件无锈蚀，接线整齐美观。

（2）防误锁具的锁栓动作灵活、无卡涩，锁栓的锁孔堵位精确、牢固可靠。

（3）全部防误锁具接入分控器无错位，接头压接符合工艺要求，回路测试完好，室外隔离开关锁控线用金属软管及钢带敷设固定。

（4）全部防误锁控线套管及锁具标示牌清晰、无误。

（5）接地防误锁接地可靠且符合相应系统短路接地运行要求。

（三）二次接线验收

（1）二次电缆排列须整齐美观、固定牢固，接线整齐美观，接头压接铜丝无外露，电缆线与带电设备之间有足够的安全距离。

（2）弱电、强电二次回路接线端子之间有隔离端子。

（3）通信总线地下钢管、电缆沟及柜内 PVC 管敷设，电缆沟中的走线或直埋电缆均加有防护套，接至室外锁具的二次电缆线有软防护套。

（四）防误功能验收原则

（1）防误功能验收应安排在站内设备主体功能验收及“三遥”功能验收完成后，防止防误功能验收完成后有人员改动设备二次接线，影响防误系统正常可靠运行。

（2）监控系统防误功能与电气防误功能分开验收，对每个电气设备的防误闭锁条件逐一验收打钩，防止遗漏。验收完成后，验收人员与工作负责人分别在验收表上签字。若需要部分更改防误验收表，需要得到相关运维专职人员同意，并在表上写明更改原因。

（3）在验收监控系统防误功能时，应将所验收的设备电气解闭锁切换开关切至“解锁”位置；在验收电气防误功能时，应将所验收的设备测控解闭锁切换开关切至“解锁”位置。

（4）电动操动机构的隔离开关，防误验收时应同时确认其手动操动机构操作情况，确保设备手动操作与电动操作防误闭锁条件完全一致。

（5）电动操动机构的隔离开关应实际验证“急停”按钮功能，以便在发生误操作时能够紧急停止操作，按照现场运行规程要求进行处理。

（6）采用自保持回路的电动隔离开关，其自保持回路应经完善的防误闭锁，防止操作人员直接按机构内分合闸接触器进行操作。

（7）专用接地装置应采用专用接地铜棒实际测试的方式进行验收，实际模拟接地线装拆，确保站内接地线纳入防误系统。

（8）带电显示装置应具有自检功能，在一次设备带电或不带电的状态下均可自检出装置本身的完好性。装置进行试验时，其装置闭锁输出应动作，应检验相应的接地开关是否被闭锁。

四、智能变电站的特殊防误

（一）解锁开关及钥匙技术规范

解锁开关带有钥匙控制功能，具有“联锁”“解锁”两个位置，在“联锁”位置时钥匙方可拔出，钥匙拔出后能锁住解锁开关。

（1）一般间隔测控装置分别设置一个解锁开关。测控解锁操作时，将该解锁开关切至“解锁”位置即可进行解锁操作。

（2）一般间隔智能终端处分别设置一个解锁开关，若智能终端为双套配置，则在第一套智能终端处设置一个解锁开关。测控装置故障需要解锁操作时，采用此解锁开关将智能终端闭锁输出触点强制接通，设备二次回路接通即可操作。

（3）一般间隔端子箱/汇控柜处分别设置一个解锁开关，作为电气闭锁回路的解锁开关。该相关设备辅助触点不到位等情况需要电气解锁操作时，采用此解锁开关将设备电气闭锁回路部分短接，设备二次回路接通即可操作。

（4）一般全站测控装置的解锁开关钥匙采用通用钥匙，全站智能终端处的解锁开关钥匙采用通用钥匙，全站电气闭锁解锁开关钥匙采用通用钥匙，各种不同功能解锁钥匙不采用通用钥匙。

（二）操作开关及钥匙技术规范

1. 远近控切换开关设置

远近控切换开关设置“远控”和“近控”两个状态位置。

（1）一般开关柜（含充气柜）上断路器、电动操作的开关手车及接地开关远近控切换开关不带钥匙控制。

（2）一般间隔式设备端子箱内本间隔所有隔离开关、接地开关的“远近控”合用一个转换小开关。此转换开关采用通用钥匙并具有闭锁控制功能，钥匙仅能在“远控”位置时拔出，钥匙拔出后闭锁小开关的操作。

（3）一般 GIS 汇控柜内设两个远近控切换开关，一个为断路器的远近控，一个为隔离开关和接地开关的远近控，断路器的远近控带钥匙且不通用，隔离开关和接地开关的远近控带钥匙且通用，仅能在“远控”位置才能拔出，拔出后闭锁小开关的操作。

（4）智能化变电站智能终端处一般单独引出断路器远近控切换开关，此切换开关不带钥匙闭锁功能。

2. 控制开关位置的设置

控制开关通常有“分”“合”“断”3 个状态位置，操作后自动返回“断”的位置。

（1）断路器、电动操作的开关手车及接地开关的控制开关带钥匙闭锁功能，一个控制开关对应一把钥匙（不通用）。

（2）一般间隔式设备端子箱内、GIS 汇控柜内本间隔所有隔离开关、接地开关的“分合闸”控制开关不带钥匙闭锁功能。

（3）智能化变电站智能终端处一般单独引出断路器分合闸控制开关，带钥匙闭锁功能，一个控制开关对应一把钥匙（不通用）。

（三）间隔防误功能

（1）电压互感器间隔。电压互感器柜后仓若有高压设备，一般后仓门触点提供两副动断触点接于闭锁回路，一副动断触点闭锁手车电磁锁，一副动断触点串联接入电动操作回路。

（2）分段断路器及分段隔离间隔。分段断路器及分段隔离柜，一般后仓门触点提供两副动断触点接于闭锁回路，一副动断触点闭锁手车电磁锁，一副动断触点串联接入电动操作回路。

（3）馈线间隔。馈线间隔后仓门与线路接地开关一般设置相互机械闭锁，因此在电气回路中不予考虑。

（4）其他间隔。电容器、电抗器、接地变压器、站用变压器间隔一般根据其具体闭锁逻辑进行设置。

第二节　智能变电站顺序控制与保护操作

一、智能变电站的顺序控制

由于智能变电站采用先进、可靠、集成、低碳、环保的智能设备，以全站信息数字化、通信平台网络化、信息共享标准化为基本要求，自动完成信息采集、测量、控制、保护、计量和监测等基本功能，并可根据需要支持电网实时自动控制、智能调节、在线分析决策、协同互动等高级功能，为变电站全面实现顺序控制提供了强有力的技术手段和基础设备支撑，从而使顺序控制成为智能变电站高级应用的基本功能之一。

（一）顺序控制的范围与功能

顺序控制（SC），也称为程序化操作，是指通过自动化系统发出整批指令，由系统根据设备状态信息变化情况判断每步操作是否到位，确认到位后自动执行下一指令，直至执行完所有指令。

顺序控制可以理解为变电站内倒闸操作的集合，多组操作在一次命令中执行完成。

1. 顺序控制的范围

（1）一次设备（包括主变压器、母线、断路器、隔离开关、接地开关等）运行方式转换。

（2）保护装置定值区切换、软压板投退、电源空气开关（继电器）分合。

2. 顺序控制的功能

（1）变电站内的顺序控制，可以分为单间隔内操作和跨间隔操作两类。

（2）顺序控制应提供操作界面，显示操作内容、步骤及操作过程等信息，应支持开始、终止、暂停、继续等进度控制，并提供操作的全过程记录。对操作中出现的异常情况，应具有急停功能。

（3）顺序控制宜通过辅助触点状态、测量值变化等信息自动完成每步操作的检查工作，包括设备操作过程、最终状态等。

（4）顺序控制宜与视频监控联动，提供辅助的操作监视。

（5）满足无人值班及区域监控中心站管理模式的要求；可接收和执行监控中心、调度中心和本地自动化系统发出的控制指令，经安全校核正确后，自动完成符合相关运行方式变化要求的设备控制。

（6）应具备自动生成不同主接线和不同运行方式下典型操作流程的功能。

（二）顺序控制的操作条件

1. 一次设备状态定义

（1）220kV 分相操作开关应以开关三相同时合为合、三相同时分为分；不应以断路器合成信号作为判据（即一相合闸为合，三相同时分闸即为分闸）。

（2）参与状态定义的一次设备状态需要采用双位置触点确认，所有涉及设备状态，任一状态不符合即表示状态不符。

（3）由于目前存在与接地开关对应的接地桩，在信号上采用与接地开关合并处理，可能产生对线路检修状态的误判断，因此，建议现场醒目位置予以说明，并严格执行操作前状态核对的要求；同时建议智能变电站区分接地开关与相应接地桩遥信，对于可以区分的所有状态定义中接地桩的状态全部定义为分位（即接地线桩头未插入接地桩）。

（4）状态定义可仅涉及调度操作常用的单间隔状态定义，对于母线、主变压器跨间隔情况可暂不予定义，并可采取组合票方式实现跨间隔顺序控制功能。

2. 二次设备状态定义

（1）二次设备状态定义，一般仅对于调度发令操作的标准状态，对二次设备检修状态，因其特殊性和复杂性，一般不予以定义，仅做简单说明。

（2）由于二次设备顺序控制前后，需要运维人员进行复核，因此应与运维人员常规操作保持一致，以软压板操作方式在监控后台实现，并与实际装置内部状态保持实时同步。运维人员在操作前应在监控画面上核对软压板实际状态，操作后应在监控画面及保护装置上核对软压板实际状态。

（3）对于保护二次状态，由于不同厂家、不同保护以及不同智能设备的具体压板、信号不一致，需依据厂家建议予以定义。

（三）顺序控制的操作要求

1. 顺序控制操作管理要求

（1）各单位应制定有关顺序控制操作的管理制度。

（2）顺序控制操作时，应填写倒闸操作票，各单位应制定倒闸操作票的填写规定。

（3）顺序控制操作时，继电保护装置应采用软压板控制模式。

（4）顺序控制操作时，应调用与操作指令相符合的顺序控制操作票，并严格执行复诵监护制度。

（5）顺序控制操作前，应确认当前运行方式符合顺序控制操作条件。

（6）顺序控制操作过程中，如果出现操作中断，运维人员应立即停止顺序控制操作，检查操作中断的原因并做好记录。顺序控制操作中断后，若设备状态未发生改变，应查明原因并排除故障后继续按顺序控制操作，若无法排除故障，可根据情况转为常规操作。顺序控制操作中断后，如果需转为常规操作，应根据调度命令按常规操作要求重新填写操作票。

（7）顺序控制操作完成后，运维人员应核对相关一、二次设备状态无异常后结束此次操作。

2. 正常操作的组织流程

（1）在调用顺序控制操作票时，应严格执行模拟预演、操作监护制度。

（2）运维人员进行顺序控制操作前再次核对设备状态，根据调度任务，选择服务器内存储的已审批合格的顺序控制操作任务，对顺序控制操作任务及项目进行确认。

（3）操作人、监护人分别电子签名、确认后，对服务器下达操作命令。该步也可与步骤（2）对调。

（4）顺序控制操作完成后，可通过后台监控显示及现场检查等方式对一、二次设备操作结果正确性进行核对。

（5）顺序控制操作完成后，运维人员应核对相关一、二次设备状态无异常后结束此次操作。

3. 操作前检查项目及要求

（1）在顺序操作前，操作人员按规定在操作票上分别签字，操作人员还应检查待操作设备运行方式与本操作任务要求的设备初始状态一致,无影响顺序操作的异常信号动作。

（2）顺序控制操作票的维护应与原始态及目标态的选择一一对应，原始态的判断应由监控系统实时判断，目标态的选择由操作人员确认。

（3）选择目标态后应要求校验操作人、监护人密码及操作间隔编号正确。

（4）在正式执行前需要弹出顺序控制操作票完整票面，并允许操作人员查看核对。

4. 操作中检查项目及要求

（1）操作过程中，操作人员不允许进行其他操作或从事与操作无关的其他工作，操作人员应始终密切注意观察集中监控机或当地工作站（后台机）上顺序操作的执行进程以及各项告警信息。

（2）在操作人员确认无误后正式执行操作中，顺序控制票应能显示当前操作步骤，并具备软件急停功能。

5. 操作后检查项目及要求

（1）顺序操作结束后，操作人员应检查集中监控机或当地工作站（后台机）监控程序发出的“操作完成”指令，同时检查设备是否已调整到目的运行方式，遥测、遥信是否正常。

（2）如在当地工作站（后台机）操作还应到现场检查设备。如在监控中心集中监控机上操作，还应通过视频监控系统检查设备区无异常。

6. 异常中断、事故发生时的处理要求

（1）在顺序控制操作过程中，如果出现异常或程序中断，应立即暂停顺序控制操作，检查现场设备情况，如果排除设备问题，确认顺序控制软件系统出现故障，待系统故障消除后继续操作；若顺序控制软件系统故障一时无法消除，应终止本次顺序控制操作任务，转为常规倒闸操作，并确认满足常规倒闸操作条件后方可执行。

（2）在顺序控制操作过程中发生设备异常或设备故障时，如设备分合不到位或拒分拒合、某二次操作步骤目标状态检查不符合要求等，应立即自动终止顺序控制操作，并依据相关提示记录中断原因和中断时的相关设备状态。

（3）在顺序控制操作过程中，因特殊工作，需要暂停操作，可人工急停顺序控制操作进程，待工作处理完毕后可继续执行顺序控制操作进程。

（4）在顺序控制操作过程中一旦系统发出“事故总信号”“保护动作”等主要事故信号，顺序控制操作系统应自动终止顺序控制操作进程。

二、智能变电站的保护操作

智能变电站的继电保护装置仍然采用常规保护的判断、动作原理，但在具体实现方式上需与合并单元、智能终端相配合。通过光纤替代电缆的方式，继电保护分别以专用的光纤与合并单元、智能终端相连接，在保护装置内以虚拟的端子替代了原有的物理端子，实现了电流、电压的数字化接收以及保护动作信号的数字化传输。保护装置仅保留了检修硬压板及远方操作硬压板，其余功能都通过模拟软压板实现。对于保护用电流、电压数据，每个合并单元都以专用光纤输入保护装置，称为保护直采；保护动作后，跳闸信号以专用光纤直接输出至相应断路器的智能终端，称为保护直跳。

（一）智能二次设备状态定义

1. 继电保护装置

智能变电站继电保护装置设有物理硬压板、模拟软压板两种压板，其中模拟软压板主要包括 GOOSE 软压板、SV 软压板、保护功能软压板三类。

（1）物理硬压板。保护装置设置有检修硬压板和远方操作硬压板。当检修硬压板投入后，保护动作及相关信号不上传至监控端。二次设备正常运行时，不应该投入检修硬压板；当保护装置检修、校验时可投入该压板。保护装置的远方操作硬压板用于控制保护装置远方操作功能。该压板投入时，允许远程进行保护装置的软压板投退、定值区切换、定值修改等操作。保护装置的远方操作功能验收合格后，智能变电站优选投入该压板，以实现二次设备的智能化操作。

（2）继电保护装置状态定义。根据调度对继电保护装置的状态定义，现场可将继电保护装置分为“跳闸”“信号”和“停用”3 种状态。

① 跳闸状态是指保护装置直流电源投入，保护功能软压板投入，装置 SV 软压板投入，装置 GOOSE 接收（失灵开入等）及发送（保护出口等）软压板投入，检修硬压板退出。

② 信号状态是指保护装置直流电源投入，保护功能软压板投入，装置 SV 软压板投入，装置 GOOSE 接收（失灵开入等）软压板投入，GOOSE 发送（保护出口等）软压板退出，检修硬压板退出。

③ 停用状态是指保护装置直流电源退出，保护功能软压板退出，装置 SV 软压板退出，装置 GOOSE 接收（失灵开入等）及发送（保护出口等）软压板退出。

2. 智能终端

断路器智能终端设有“智能组件检修硬压板”“跳（合）闸出口硬压板”“闭锁重合闸硬压板”“隔离开关控制硬压板”4 类压板；此外，实现变压器（电抗器）非电量保护功能的智能终端还装设了“非电量保护功能硬压板”。

（1）智能组件检修硬压板。智能终端的检修硬压板正常在退出状态，一旦投入该压板，智能终端显示为检修态，与运行的保护装置无法正常配合。

（2）跳（合）闸出口硬压板。智能终端跳（合）闸出口硬压板安装于智能终端与断路器之间的电气回路中，退出此类压板后，继电保护装置无法通过智能终端对断路器实施跳闸（合闸）。智能终端投入运行状态时，此类压板需投入。

（3）闭锁重合闸硬压板。闭锁重合闸硬压板安装于双重化配置的智能终端之间，实现两套智能终端之间相互闭锁重合闸的功能。投入某一套智能终端闭锁重合闸硬压板后，将允许本装置闭锁另一套智能终端的重合闸出口。当双重化配置的智能终端正常运行时，此类压板需投入。为了简化智能终端的硬压板配置，也可根据设计要求对双套智能终端之间相互闭锁重合闸的回路进行电缆直联，取消回路中间的闭锁重合闸硬压板。

（4）隔离开关控制硬压板。隔离开关控制硬压板实现对本间隔内隔离开关的遥控功能，一块压板对应一组隔离开关。正常运行时，具备遥控功能的隔离开关均可投入遥控压板。

（5）非电量保护功能硬压板。非电量保护功能硬压板负责控制主变压器（电抗器）本体重瓦斯、有载重瓦斯等非电量保护跳闸功能的投退。该压板投入时，非电量保护动作时发出信号和跳闸指令；压板退出时，保护仅发信。

（6）智能终端状态定义。为了配合调度对继电保护装置的状态定义，现场可将智能终端分为“跳闸”“信号”和“停用”3 种状态。

① 跳闸状态是指智能终端装置直流电源投入，跳（合）闸出口硬压板投

入，检修硬压板退出。

② 信号状态是指智能终端装置直流电源投入，跳（合）闸出口硬压板退出。

③ 停用状态是指智能终端装置直流电源退出，跳（合）闸出口硬压板退出。

3. 合并单元

合并单元设有“检修硬压板”。当合并单元“检修硬压板”投入时，装置发出的 SV 报文都带 TEST 位。SV 接收端装置将接收的 SV 报文中的 TEST 位与装置自身的检修压板状态进行比较，只有两者一致时才将该信号用于保护逻辑。如果电压输入 TEST 位和接收端检修压板不一致，且接收端装置电压 SV 投入时，装置发“TV 检修不一致”报文，同时闭锁与电压相关的保护；如果电流输入 TEST 位和接收端检修压板不一致，且接收端装置电流 SV 投入时，装置发“TA 检修不一致”报文，同时闭锁相关保护。正常合并单元“检修硬压板”在退出位置，当本间隔一次设备停役，保护及合并单元需检修时投入该压板；或者双重化配置的保护中某一套需停役时，相应的合并单元投入该压板。

（二）智能二次设备保护分类

1. 公用软压板

每一套保护装置内都设有 3 块保护定值控制软压板，分别为“允许远方修改定值”“允许远方切换定值区”“允许软压板远方投退”。在二次设备投入运行前，需根据调度定值单要求明确以上 3 块压板的状态，并在操作员工作站相应的保护分画面中予以显示。

依照现有智能变电站的运维习惯，“允许远方修改定值”“允许远方切换定值区”“允许软压板远方投退”3 块软压板只需要具备显示功能，不需要具备遥控操作功能。考虑到保护定值的安全管理要求以及运行人员的操作要求，设备正常运行情况下，推荐开放远方切换定值区和远方投退软压板功能，关闭远方修改定值功能。

2. 母线保护

220kV 及以上电压等级母线按双重化配置母线保护；110kV 及以下电压等级母线配置单套母线保护。母线保护用电流、电压数据应直接采样，保护动作直接跳出线断路器。母线保护与其他保护之间的联闭锁信号（失灵启动、主变压器保护动作解除电压闭锁等）采用 GOOSE 网络传输。当接入组件数较多时，可采用分布式母线保护。分布式母线保护由主单元和若干子单元组成，主单元实现保护功能，子单元执行采样、跳闸功能，各间隔合并单元、智能终端以点对点的方式接入对应子单元。

母线保护功能软压板配置中“互联”“分列”功能压板需根据现场一次设备

接线方式确定数量，其余功能压板根据调度定值单投退。

3. 变压器保护

变压器保护用电流、电压数据应直接采样，保护动作直接跳各侧断路器；变压器保护跳母联、分段断路器及闭锁备自投、启动失灵等信号可采用 GOOSE 网络传输。变压器保护可通过 GOOSE 网络接收失灵保护跳闸命令，并实现失灵跳变压器各侧断路器。变压器电量保护功能中的中、低压侧压板的配置需根据现场实际接线方式确定。

变压器非电量保护采用就地化设计安装，一般在变压器本体周围直接安装有本体智能控制柜，柜内配置有本体保护智能终端、合并单元。变压器本体智能终端采用电缆直接跳闸方式，信息通过本体智能终端上送过程层 GOOSE 网络。

4. 母联（分段）保护

在智能化变电站中，220kV 及以上电压等级的母联（分段）保护采用双重化配置，保证双重化的过程层网络相互独立。110kV 母联（分段）保护按单套配置，一般采用保护、测控一体化设计。母联（分段）保护跳闸采用点对点直跳方式，其他保护（如变压器保护）跳母联（分段）断路器一般采用点对点直跳方式，也可采用 GOOSE 网络方式。

5. 分段保护及备用电源自投装置

35kV 及以下电压等级的分段保护一般就地安装，保护、测控、智能终端、合并单元一体化设计，装置提供 GOOSE 保护跳闸接口（主变压器保护跳分段），接入 110kV 过程层 GOOSE 网络。

在现有运行的智能变电站中，分段保护及备用电源自投装置一般通过 GOOSE 点对点引入两台主变压器断路器电流用于备自投逻辑判别；电缆引入两段母线电压用于备自投逻辑判别；电缆引入分段断路器电流用于分段保护等功能；GOOSE 点对点引入两电源断路器位置触点，电缆引入分段断路器位置触点用于系统运行方式及备自投逻辑判别；GOOSE 网络引入手跳或保护动作等闭锁备自投信号；GOOSE 点对点输出主变压器断路器的分合闸命令；借用本身保护装置回路实现备自投分合分段断路器的功能。

6. 中低压间隔保护

中低压间隔保护是指 35kV 及以下的线路保护、电容器保护、站用变压器保护、并联电抗器保护等。此类保护一般按照常规保护设计，采用保护、测控一体化设备，按间隔单套配置，采用常规互感器，电缆直接跳闸。采用常规设计的中低压间隔保护没有配置智能终端、合并单元，其跳闸出口、合闸出口仍然采用常用的硬压板控制，操作员工作站仅能实现保护功能软压板的投退。当确需采用电子式互感器时，每个间隔的保护、测控、智能终端、合并单元功能宜按间隔合并实现，跨间隔开关量信息交换可采用过程层 GOOSE 网络传输。

（三）保护操作的具体内容

1. 保护操作原则

保护启用前，运行人员的检查项目包括：保护装置运行灯常亮，保护动作灯、异常告警灯熄灭，保护装置及监控后台无异常信号以及合并单元、智能终端上运行灯常亮，异常告警灯熄灭，指示灯正确。保护装置投“信号”时，保护装置及相应合并单元、智能终端、交换机等设备的直流电源需投入。

（1）硬压板操作。对于运行状态下智能组件（保护装置、测控装置、合并单元、智能终端）的检修硬压板，正常都处于“退出”位置。保护装置检修硬压板操作前，应确认保护装置处于“信号”状态，且与其相关的在运保护装置所对应的开入压板（GOOSE 接收软压板）已退出。

智能变电站投入运行前，可在运行规程中明确运行人员的操作权限。除装置异常处理、事故检查等特殊情况外，运行人员正常不操作装置的检修硬压板及智能终端的跳、合闸压板。一次设备由开关检修改为冷备用或保护启用前，须检查确认间隔中各智能组件的检修硬压板已退出。

（2）软压板操作。正常操作时，运行人员在操作员工作站的监控画面内实现软压板的投退，操作前需在监控画面上核对软压板实际状态。为保证操作的正确性，可增加操作后核对监控画面及保护装置内软压板实际状态的内容。

软压板操作过程中，运行人员只完成软压板的投退，不涉及保护装置定值的修改。对于保护装置定值的修改、整定工作，需由二次人员完成。如果因通信中断无法远程操作软压板，可履行相关手续转为就地操作。运行人员在保护装置内就地操作软压板时，须查看装置液晶显示报文，确认正确后继续操作。

2. 定值远方操作

智能变电站的操作员工作站具备直接调取保护定值的功能。经验收正确后，运行人员可在操作员工作站直接核对保护定值数据。

智能变电站的定值远程查看及定值区远程切换功能提供给运行人员使用，二次检修人员需在保护装置上进行定值修改，正常可在操作员工作站上设置密码进行区别。

智能变电站保护装置具备远方修改定值功能，但为了保证继电保护装置定值的正确性，避免多路径修改带来的保护误整定事件发生，现场运行时建议关闭此功能，继电保护装置定值的修改由二次检修人员在保护装置上进行，并与运行人员共同核对定值正确。

3. 保护功能投退方式

智能变电站微机保护正常的功能投退均通过软压板来实现。在保护操作分画面中，日常运维所需使用的软压板均需单独画出，每块软压板标注名称并有本间隔唯一的编号。软压板的投退操作一般设置有操作人及监护人双重密码验证，且由于其虚拟性易带来操作盲区，每块软压板均应设置全站唯一的操作验证编码，由操作人员手动输入。一般的操作编码组成原则为“本间隔断路器编码+软压板编号”。

操作保护装置 SV 软压板前，须确认对应的一次设备已停电或保护装置处于“信号”状态，误操作继电保护装置的“SV 软压板”，可能引起保护装置误动或者拒动。间隔设备检修时，应退出本间隔所有与运行设备二次回路联络的压板（保护失灵启动软压板，母线保护本间隔 SV 软压板等），检修工作完成后应及时恢复并核对。

（1）母线保护。母线保护由跳闸改接信号的操作：应退出相关间隔的出口软压板、失灵开入软压板、母差失灵联跳主变压器三侧的出口软压板。对于母线保护有启动线路远跳软压板的，也应退出此类压板。

母线保护由信号改接跳闸的操作：检查母线保护装置无动作及异常信号，投入相关间隔的出口软压板、失灵开入软压板、母差失灵联跳主变压器三侧的出口软压板以及母线保护启动线路远跳软压板。

（2）变压器保护。变压器保护整套停/启用，需将该套保护跳各侧开关软压板、失灵启动软压板、解除高压侧母差复压软压板（非电量只有出口硬压板）全部退出或投入。变压器保护中差动或后备保护等单一功能停/启用时，只操作该保护的功能软压板，不停用跳闸总出口压板。

（3）线路保护。线路保护跳闸状态是指线路保护装置相应功能软压板投入，相应的 GOOSE 压板投入；线路保护停用状态是指线路保护装置相应功能软压板投入，相应的 GOOSE 压板退出。线路保护整套停/启用，须将该套保护的 GOOSE 开出软压板全部退出或投入。线路保护中单一的保护功能停/启用时，可操作该保护的功能软压板，不停用 GOOSE 开出软压板。线路保护的重合闸停/启用通过投退重合闸功能软压板、重合闸出口软压板实现。

对于双重化配置的线路保护，两套线路保护的重合闸是相互独立的，重合闸的相互闭锁通过两套智能终端来实现。单套重合闸退出时，只退出单套保护重合闸出口压板，不投入停用重合闸压板。断路器重合闸启用时，两套重合闸方式应整定一致。

（4）母联（分段）保护。母联（分段）保护跳闸状态是指母联（分段）保护装置相应功能软压板投入，相应的 GOOSE 压板投入；母联（分段）保护信号状态是指母联（分段）保护装置相应功能软压板投入，相应的 GOOSE 压板退出。调度发令启用母联（分段）保护时，应检查相应功能软压板是否满足要求，必要时根据调度指令调整功能软压板状态，再投入相应 GOOSE 压板。

（5）中低压间隔保护及备用电源自投装置。中低压间隔保护一般按照常规变电站配置，操作时仍按照原要求执行。操作低压线路保护重合闸时，可通过投退重合闸软压板来实现。低压分段保护及备用电源自投装置的功能压板配置没有变化，只是将原有硬压板改为了软压板，备自投功能的停/启用按照原有操作原则执行。现有智能变电站的设计中，备自投合分段断路器借用了低压分段保护的合闸硬压板出口，低压分段保护的停/启用应避免影响备自投的功能，正常运维时可通过操作功能软压板来实现。

4. 安全措施执行

智能变电站由于设备实现方式的不同，二次设备的安全措施设置与常规变电站迥异，在对二次设备进行检修时，运行人员应充分了解智能二次设备的工作原理，保证安全措施布置的合理性，避免误操作的发生。由运行人员布置的二次设备安全措施，可通过在后台机上投退相关软压板实现。涉及二次设备硬件的安全措施（如插拔光纤接口、网络通道接口等通信接口），可由二次检修人员负责。

（1）正常检修安全措施布置。一次设备运行状态或热备用状态，相关保护装置、合并单元、智能终端检修前，相关保护装置须处于信号状态。

① 保护装置检修工作开展前，将该保护装置改接信号，且将与之相关的运行中保护装置的 GOOSE 接收软压板（失灵启动压板等）退出。

② 智能终端检修工作开展前，须调整采集该智能终端的开入（断路器、隔离开关位置）的相关保护装置状态，并提醒检修人员退出相应的智能终端出口压板。

③ 合并单元检修工作开展前，须将采集该合并单元采样值（电压、电流）的相关保护装置改接信号状态。

一次设备停役状态下，在相关保护装置、合并单元、智能终端检修前，需退出运行中的线路保护（3/2 接线）、变压器保护、母线保护对应的 SV 软压板、GOOSE 开入软压板（失灵启动压板等）。

间隔设备（线路、主变压器、母联、分段）检修且二次设备有工作时，需退出其对应保护上所有的 GOOSE 跳闸、重合闸、GOOSE 联跳、启动失灵软压板，并退出母线保护上本间隔失灵启动软压板，退出母线保护装置上本间隔 SV 投入软压板。

三绕组主变压器中两侧断路器运行、一侧断路器检修且二次设备有工作时，需退出主变压器保护上检修断路器侧 GOOSE 出口软压板（跳闸、启动失灵、解除复压闭锁、闭锁备投）及 SV 投入软压板。

一次设备送电时，智能变电站继电保护系统需投入运行，运行人员需检查该间隔中各智能组件的检修硬压板在退出位置，跳闸、合闸、闭锁重合闸等硬压板在投入位置，装置正常无告警，然后执行相关软压板恢复操作。

（2）二次设备安全措施布置。单套保护配置的间隔，保护装置、合并单元、智能终端等装置上有工作，一次设备需陪停。双套保护配置的间隔，其中某一套保护装置、合并单元、智能终端等有工作，若一次设备不停电，应将该套保护装置、合并单元、智能终端一并停用，并保证另一套保护装置、合并单元、智能终端正常运行。

对于双套配置的线路保护装置若采用单合闸线圈，第一套智能终端的控制电源失去将影响两套线路保护重合闸出口。因此当第二套保护运行时，停用第一套智能终端不应断开第一套智能终端的控制电源。当仅第一套智能终端检修时，也应将保护重合闸功能停用。500kV 设备双重化配置的智能终端，当单套智能终端退出运行时，应停用该断路器重合闸。

操作检修硬压板前，需先退出母线保护、变压器保护上对应间隔 SV 投入软压板，然后才能投入检修间隔各智能组件置检修硬压板。若在母线保护、变压器保护上 SV 投入软压板未退出情况下投入该间隔智能组件置检修硬压板，母线保护、变压器保护认为间隔设备检修状态不一致，造成母线保护、变压器保护误闭锁。

（3）二次回路安全措施。智能变电站电流量、电压量采用了数字形式，过程层不存在二次回路开路或短路问题，但是需要防止回路断链。SV 采样回路断链或电压采样链路异常时，将闭锁与电压采样值相关的过电压、距离等保护功能；电流采样链路异常时，将闭锁与电流采样相关的电流差动、零序电流、距离等保护功能。

第三节　智能变电站的巡视特殊点分析

在我国现代电力工程建设规模日益提升的背景下，我国的电力技术水平全面提高，电力系统智能化成为主要发展趋势。在智能变电站建设与管理过程中，需要做好二次设备的调试与检修工作，采用科学的调试与检修方法，确保及时发现二次设备存在的问题，提升故障处理效率，避免故障问题进一步扩大。[1]目前，智能变电站一次设备除电子式互感器外，其他一次设备还没有实现智能化，其智

[1] 石亚威. 智能变电站二次设备的调试与检修［J］.光源与照明，2023（2）：154.

能设备主要集中在二次设备，主要是智能终端和合并单元。因此，对智能变电站而言，其区别于常规变电站巡视的特殊点在于智能设备的巡视。对于智能设备的巡视主要可以分为装置巡视和后台巡视。

一、智能变电站的装置巡视项目

装置巡视主要是集中在装置运行环境、运行工作、显示信息时正常，主要巡视项目包括：

（1）检查智能终端、合并单元设备外观正常，各交直流空气开关正确，电源指示正常，各类信号指示正常，无告警信息。

（2）检查室外智能终端箱、智能控制柜密封良好，无进水受潮，箱内温、湿度控制器工作正常，设备运行环境温度正常，无异常发热，柜内温度应保持在5~50℃，相对湿度应小于75%。

（3）智能终端箱上断路器“远方/就地”转换开关在远方位置，“联锁/切换”开关在“联锁”位置。

（4）智能终端箱内继电器、接触器二次线无发热，端子接头无脱落现象。

（5）合并单元装置运行、对时同步灯、GOOSE 通信灯、各通道灯、刀开关位置灯常亮，无异常和报警指示，刀开关位置指示与实际一致。

（6）检查光纤应有明确、唯一的标牌，须注明传输信息种类、两端设备、端口名称等。

（7）检查光纤接头可靠连接，光纤无打折、破损现象，备用芯防尘帽无破裂、脱落，密封良好。

（8）检查光纤熔接盒稳固，光纤引出、引入口应可靠连接，尾纤在屏内的弯曲内径大于 10cm（光缆的弯曲内径大于 70cm），光纤应无打折、破损现象。

（9）检查各交直流空气开关位置正确，压板投退状态与运行状态和调度要求相一致。

（10）检查装置无其他异常声响及异常气味。

（11）远程巡视时利用远方监控后台定期查看保护设备告警信息，检查保护通信正常，保护定值区正确，各软压板控制模式和投退状态正确。

（12）远程巡视重点检查测控装置“SV 通道”和“GOOSE 通道”信号正常。

上述巡视项目是智能设备通用的巡视方法，对于不同厂家生产的设备，由于其设备的相关信号显示和释义具有较大差别，在巡视时要加以区分。

二、智能变电站的后台巡视项目

监控后台巡视，主要包括以下巡视项目：

（1）监控后台一次主接线图与设备实际运行状态是否一致，各监控画面进行切换检查命名编号是否正确，有无设备状态异常闪烁，无事故总指示信号、告警总指示信号。

（2）检查后台机保护功能压板、出口压板、装置压板投退状态正确，与保护装置显示相符，无异常报文，电流、有功、无功显示值正常，三相电气量的不平衡度应在相关规定范围内。

（3）监控后台各电压量、电流量及主变压器油温等实时数据显示应正确，无越限信号，主变压器、电抗器等绕组温度、油温后台指示与现场指示差值不大于5℃。

（4）监控后台有无其他异常告警信息及未复归告警信息。

（5）检查显示屏、监控屏上的遥信、遥测信号正常，网络通信及装置通信状况正常。

（6）主变压器、线路间隔、母线间隔等测控装置、各相遥测、遥控信号无异常，无开关气压告警、低气压闭锁信号，控制回路正常，保护压板投切状态、远近控开关状态、顺序控制画面设备当前状态与实际运行状态相符。

（7）“五防”模拟预演图与系统实际运行方式相符，闭锁等装置和通信功能正常。

（8）站用直流电源监视图显示正常，各项遥测、遥控信号与现场实际运行条件相符，无故障和异常告警信号。

（9）站用交流电源监视图显示正常，交流电源接线的显示状态与现场实际运行条件一致，智能设备通信状态正常，电压、电流测量显示正常。

（10）监控后台语音报警音响测试正常。

（11）变电站二次设备结构总图无异常及故障信号，各小室二次设备状态监视图设备名称、型号、厂家等信息显示正常，设备运行工况正常、交换机网络拓扑结构及各端口的工作状态显示正常，无异常信号，GOOSE链路、SV链路、间隔“五防”GOOSE网络链路通信状态正常，显示与系统实际运行条件相符，A、B网通信正常。

（12）二次设备状态显示正常，与实际设备运行工况一致。

参考文献

[1] 曹帅. 变电站综合自动化系统现状及趋势分析［J］. 机械管理开发，2020，35（10）：287.

[2] 陈磊. 顺序控制技术在220kV公园智能变电站的应用［J］. 科技与创新，2017（19）：141-143.

[3] 陈敏. 智能变电站综合自动化系统应用及相关问题研究［J］. 科技尚品，2017（9）：64，79.

[4] 陈勇. 基于Acrel-1000的35kV智能变电站综合自动化系统设计［J］. 自动化应用，2022（12）：132-134.

[5] 董贝，薛钟，张尧，等. 基于IEC 61850逻辑设备管理层次结构的就地化保护装置建模研究与应用［J］. 电力系统保护与控制，2018，46（14）：165-170.

[6] 董永永，任天磊，吕海玲，等. 基于增强现实的智能变电站管理系统研究［J］. 自动化仪表，2023，44（1）：107-110.

[7] 樊陈，倪益民，窦仁晖，等. 智能变电站信息模型的讨论［J］. 电力系统自动化，2012，36（13）：15-19.

[8] 樊陈，倪益民，赵国庆. 智能变电站选相合闸方案改进［J］. 电力系统自动化，2016，40（19）：139-144.

[9] 盖新貌，沈昌祥，李勇，等. 一种面向结构化保护的组件层次划分方法［J］. 计算机工程与应用，2011，47（36）：25-28.

[10] 龚石林，陈梦涛，冯彦钊，等. 智能变电站站域低频减载［J］. 电网与清洁能源，2014，30（10）：26-31.

[11] 黄铮. 智能变电站网络采样同步新技术初探［J］. 科技创新与生产力，2018（1）：62-63，66.

[12] 黄忠胜，刘娟，廖小君，等. 智能变电站GOOSE组网应用［J］. 中国电力，2015，48（12）：43-47.

[13] 李光颖，郑瑞忠. 浅谈智能变电站系统［J］. 电力自动化设备，2001，21（6）：37-38，40.

[14] 周志勇，孙中尉，张凡，等. 智能变电站交换机选型［J］. 中国电力，2011，44（7）：40-43.

[15] 李辉，刘海峰，赵永生，等. 智能变电站过程层组网改进方案［J］. 电力自动化设备，2017，37（3）：218-223.

[16] 李孟超，王允平，李献伟，等. 智能变电站及技术特点分析［J］. 电力系统保护与控制，2010，38（18）：59-62，79.

[17] 李肖博，习伟，周柯，等. 智能变电站工程配置镜像管控技术研究［J］. 电力科学与技术学报，2022，37（4）：209-216.

[18] 李肖博，于杨，姚浩，等. 新一代智能变电站采控装置［J］. 中国电力，2022，55（4）：85-92.

[19] 林昌榕. 智能变电站电气设备安装与调试技术要点［J］. 光源与照明，2023（02）：151.

[20] 林文胜. 变电站控制监控技术应用分析［J］. 中国高新区，2018（15）：143.

[21] 刘譞，熊宇斌. 保护运行监测评估系统的层次化通信模型及其性能评估［J］. 智慧电力，2018，46（7）：84-91.

[22] 刘柱揆，张可，王洪林，等. 配电网层次化保护系统实用化方案研究［J］. 三峡大学学报（自然科学版），2017，39（6）：76-79.

[23] 罗理鉴，黄少锋，江清楷. 智能变电站智能一次设备框架设计［J］. 电力自动化设备，2011，31（11）：120-124.

[24] 倪益民，杨松，樊陈，等. 智能变电站合并单元智能终端集成技术探讨［J］. 电力系统自动化，2014（12）：95-99，130.

[25] 秦瑜，文明浩，王增超，等. 新型层次化保护系统的构建模式与配置［J］. 智慧电力，2019，47（12）：15-21，29.

[26] 冉启鹏，吴飞，李洪江，等. 智能变电站应用研究［J］. 云南电力技术，2022，50（3）：88-92.

[27] 任罡，李世倩，季宁，等. 智能电网层次化广域保护系统的关键技术研究［J］. 电测与仪表，2020，57（17）：93-98.

[28] 石亚威. 智能变电站二次设备的调试与检修［J］. 光源与照明，2023（2）：154-156.

[29] 宋福海，翟博龙，黄翔宇，等. 面向智能变电站模型应用的二次设备建模优化［J］. 电力自动化设备，2022，42（11）：218-224.

[30] 宋福海，邱碧丹. 智能变电站二次设备调试实用技术［M］. 北京：机械工业出版社，2018.

[31] 宋璇坤，李颖超，李军，等. 新一代智能变电站层次化保护系统［J］. 电力建设，2013，34（7）：24-29.

[32] 宋元江，杨成华，谭乐，等. 基于调控一体化下的调度智能防误操作管理［J］. 电子制作，2015（1）：219-219.

[33] 苏艳菊，何宇辰，蒲道杰. 浅谈 110kV 智能变电站综合自动化系统设计［J］. 数字化用户，2019，25（35）：157.

[34] 田淑珍. 变电站综合自动化与智能变电站应用技术［M］. 北京：机械工业出版社，2018.

[35] 王浩，武贵路，王平，等. 基于 EPA 的智能变电站中 DRP 应用［J］. 电力系统自动化，2012，36（17）：77-81.

[36] 王胜，张颉，唐超，等. 基于 CML 的智能变电站设备节点网络连锁失效模型［J］. 重庆大学学报，2022，45（5）：33-42.

[37] 王肃之. 读者个人信息保护的层次化与规范化——基于《中华人民共和国公共图书馆法》与《信息安全技术个人信息安全规范》分析［J］. 图书馆工作与研究，2018（6）：5-9.

[38] 王鑫，徐习东，琚军，等. 基于层次分析法的继电保护消缺优化研究［J］. 机电工程，2013，30（12）：1540-1545.

[39] 王芝茗，张延鹏，赵志刚. 智能变电站过程层网络技术的研究与应用［J］. 电气自动化，2013，35（6）：57-59.

[40] 王智东，王钢，童晋方，等. 智能变电站的密钥管理方法［J］. 电力系统自动化，2016，40（13）：121-127.

[41] 徐鹏，张弛，杨贵，等. 智能变电站过程层网络在线管控技术［J］. 计算机应用，2020，40（z2）：95-101.

[42] 徐普，魏红丽，宫立咏. 探析光纤通信技术在智能变电站应用［J］. 百科论坛电子杂志，2018（5）：308.

[43] 许勇，张道农，于跃海，等. 智能变电站 PMU 装置研究［J］. 电力科学与技术学报，2011，26（2）：37-43.

[44] 薛晨，黎灿兵，黄小庆，等. 智能变电站信息一体化应用［J］. 电力自动化设备，2011，31（7）：110-114.

[45] 闫珺，韩如成. 智能变电站综合自动化系统设计与实现［J］. 电工技术，2016（7）：36-38.

[46] 杨福，尹茂林，林山，等. 调控一体智能防误操作票系统［J］. 山东电力技术，2016，43（3）：9-11，20.

[47] 杨忠亮，刘平. 智能变电站站用电源系统［J］. 低压电器，2012（13）：30-32.

[48] 张建宁，吕庆国，鲍学良. 智能电网与电力安全［M］. 汕头：汕头大学出版社，2019.

[49] 张新昌，张项安. 层次化保护控制系统及其网络通信技术研究［J］. 电力系统保护与控制，2014（19）：129-133.

[50] 赵明敏，林珊珊，李谦，等. 智能变电站二次设备可靠性分析［J］. 自动化仪表，2022，43（4）：45-50.

[51] 钟文，吕飞鹏，廖小君，等. 基于聚类的智能变电站 SCD 文件内部比对［J］. 电测与仪表，2022，59（6）：83-89.

[52] 周晓龙. 智能变电站保护测控装置［J］. 电力自动化设备，2010，30（8）：128-133.

[53] 周郢飞，徐石明. 智能变电站数据中心初探［J］. 电力系统自动化，2011，35（18）：57-61.